ホワット イズ・ディス？

むずかしいことを
シンプルに言ってみた

Thing Explainer

Complicated Stuff
In
Simple Words

ランドール・マンロー　吉田三知世訳

ホワット
イズ・ディス？

むずかしいことを
シンプルに言ってみた

Thing Explainer

Complicated Stuff
In
Simple Words

Randall Munroe

早川書房

|日本語版翻訳権独占|
|早川書房|

© 2016 Hayakawa Publishing, Inc.

THING EXPLAINER
Complicated Stuff in Simple Words
by
Randall Munroe
Copyright © 2015 by
Randall Munroe
Translated by
Michiyo Yoshida
First published 2016 in Japan by
Hayakawa Publishing, Inc.
This book is published in Japan by
arrangement with
xkcd inc
c/o The Gernert Company
through Tuttle-Mori Agency, Inc., Tokyo.

本文イラスト／© Randall Munroe
日本語版装幀／早川書房デザイン室

この本にのっているものをページ順に

本が始まる前のページ 7
はじめに

宇宙シェアハウス 9
国際宇宙ステーション

君の体を作っている小さな水のふくろ 10
動物細胞

重い金属から電気を作るビル 11
原子力発電所

火星を走る宇宙カー 12
火星探査機ローバー──キュリオシティ

君の体内にあるいろいろなふくろ 14
人間の内臓

服をいいにおいにする箱 15
洗濯乾燥機

地球はどんなふうに見えるか 16
世界地図

車の前カバーの下にあるもの 19
自動車のエンジン

羽が回る空ボート 21
ヘリコプター

アメリカの国の法律 22
アメリカ合衆国憲法

アメリカの「国の法律」という名前のボート 23
アメリカ艦船コンスティテューション

食べ物を温める電波箱 24
電子レンジ

形が合うかをチェックするマシン 25
南京錠

上下移動ルーム 26
エレベータ

海中ボート 27
潜水艦

食べ物入れをきれいにする箱 28
食器洗い機

みんながのっかっている大きな平たい岩 29
テクトニックプレート

雲の地図 30
天気図

木 31
木

街を焼きはらうマシン 32
核爆弾

水の部屋 33
バスルーム

コンピュータ・ビル 34
データセンター

アメリカ宇宙チームの〈上に行くもの〉5号 36
サターンV型ロケット

空ボートのエンジン 38
ジェットエンジン

空ボートを飛ばすときにいじるもの 39
コックピット

すごく小さいものどうしをぶつけるためのばかでかいマシン . . . 40
大型ハドロン衝突型加速器

電気箱 41
電池

穴をほるための街ボート 42
石油リグ

土の中にある燃やして使えるもの 43
油田

高くなった道 44
橋

たためるコンピュータ 45
ラップトップ

太陽を回っている星たち 46
太陽系

絵を取るマシン 48
カメラ

物書き棒 49
ボールペンと鉛筆

手持ちコンピュータ 50
スマートフォン

光の色 51
電磁スペクトル

夜の空 52
夜空

すべてのものを作っているピース 55
周期表

私たちの星 57
太陽

物の数え方 58
計量単位

人を助けるための部屋 59
病院のベッド

スポーツをする広場 60
競技場

地球の過去 61
地球の地質時代

命の木 62
生き物の系統樹

みんなが一番よく使う1000の言葉 65
私たちの言語のなかで最もよく使われる1000の単語

手伝ってくれた人たち 70
謝辞

空に届くビル 73
高層ビル

本が始まる前のページ

こんにちは！

これは、絵とやさしい言葉を使った本だ。ページごとに、大事なものや面白いものの仕組みや成り立ちを、英語でいちばんよく使われる1000語だけで説明している。ここは、みなさんにあいさつをし、この本がどうしてこんなかたちになったかを説明するページだ。

私はこれまで、「こいつはよくわかってないんじゃないか」と人から思われないか気にすることで毎日多くの時間を使ってきた。そんな不安から、必要もないのに難しい言葉を使ってしまうこともあった。

私がいつも難しい言葉で言っていたもののひとつが、地球の形だ。地球は丸いが、真ん丸ではない。地球は自転しているので、真ん中の赤道あたりが少しふくらんでいる。地球のまわりをぐるっと回って飛ぶ宇宙ボートを作るなら、地球の形がよくわかってないとだめだし、「丸い」の代わりに使える難しい言葉もいくつかある。しかし、たいていの場合、正確な形は必要ないので、みんなただ「丸い」と言っている。

学校に行っていたころ私は、ロケットのことを勉強し、地球の形などを表す難しい言葉の使い方も習った。そういう難しい言葉が、やさしい言葉とはちがう大事な意味を持っているので、難しいほうを使うしかないこともあった。しかし多くの場合、やさしい言葉を使ったら、難しい言葉を知らないと思われるかもしれないのがいやなだけだった。

この本を書くのはとても楽しかった。というのも、ばかなやつだと思われるかもしれないという不安を捨て去ることができたからだ。だって、「宇宙ボート」とか「水おし出しマシン」なんてことを言っていたら、全部ばかみたいに聞こえるじゃないか。やさしい言葉を使いとおすことで、もうそういうことはあまり気にならなくなった。物事に新しい名前をつけたり、イケてるアイデアを新しい方法で説明しようとがんばって、ただもう楽しかった。

そもそも難しい言葉を学ぶ必要なんてないと言う人もいる——大事なのは、物事の仕組みや成り立ちを知ることであって、その呼び名を知ることではないというわけだ。私は、必ずしもそうではないと思う。物事についてほんとうに学ぶためには、ほかの人たちから助けてもらわないといけなくて、この人たちの言うことをほんとうに理解するためには、その人たちが使う言葉の意味を知らなければならない。それに、物事について質問するためにも、その呼び名を知っていなければならない。

だが、物事の呼び名を説明する本はほかにたくさんある。この本は、物事の仕組みや成り立ちを説明する。

はい、この本についての説明は終わりました。どうぞページをめくって、まず、宇宙のことを学んでください。

宇宙シェアハウス

この建物は、地球の大気のすぐ上の宇宙を飛んでいる。いろいろな国の人たちが、力を合わせてこれを建て、その後、宇宙ボートに乗ってここを訪れている。

このシェアハウスは、地球の引力に引っ張られて落ちながら地球のまわりを回っているので、なかにあるものは、ゆかに落ちたりせず、宙にうく。このシェアハウスのなかでは、水などのふつうのものが、すごく変にふるまう。君は、かべを足でけるだけで飛びまわることができる。それはすごく楽しいよって、みんなが言っている。

このハウスにいる人たちは、仕事をしたり、遊んだり、地球の絵を取ったりして過ごしている。宇宙で花などがどんなふうに育つか、マシンなどがどんなふうに働くかを調べるために、地球にいる人たちと協力して働いているんだ。ふつう、ハウスには6人がいて、だれもが半年ずつ過ごす。

この宇宙シェアハウスを建てたいちばんの理由は、人間が宇宙で何カ月、何年も、病気にならずに元気で過ごせるようにするにはどうすればいいかを調べるためだ。ほかの星に行きたいなら、このことを十分よく知らないといけない。

宇宙シェアハウスを建てたときは、パーツをひとつずつ宇宙ボートにのせ、ボートのスピードをどんどん上げてものすごく速くして、宇宙ハウスまで飛ばし、そこでパーツをハウスに取りつけていった。

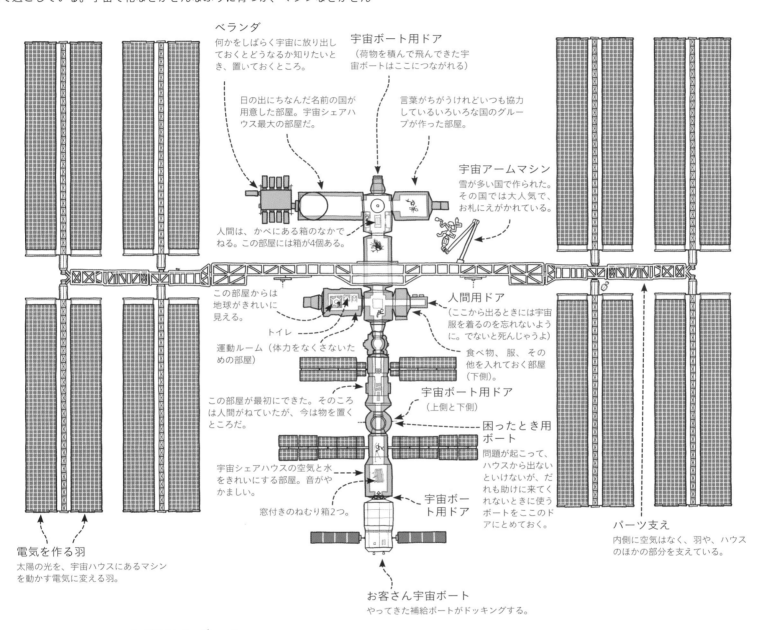

お客さんボート

これらの宇宙ボートは、食べ物、水、パーツ、人間をのせて宇宙ハウスまで飛ぶ仕事をしてきた。

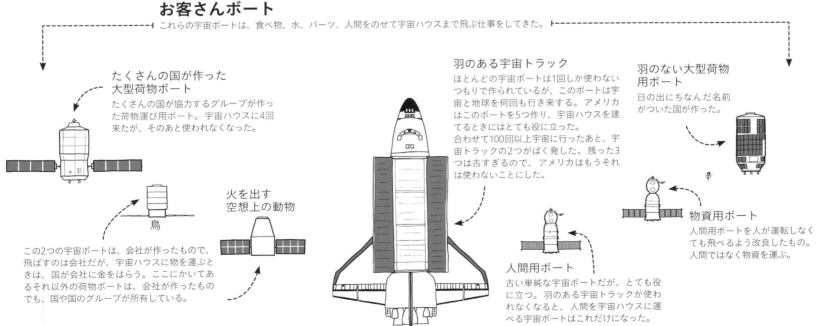

君の体を作っている小さな水のふくろ

生き物はどれも、水が入った小さなふくろでできている。水のふくろ1個だけでできた生き物もいる。このふくろはふつう、小さすぎて見えない。体内のほかのものは、このふくろがくっつきあってできている。そういうものがたくさん集まってひとつのグループとして働いているのが君の体だ。このページが読めるのもそのおかげだ。

小さな水のふくろ1個のなかには、もっと小さなふくろがたくさんつまっている。どの生き物も、いろいろな種類の水でできているんだけど、ふくろは、内側の水が、外側にあるものにさわらないようにしてくれている。生き物はふくろを使うことで、いろいろな種類の水が混じり合うことなくひとつの場所にいられるようにしている。

このページにのっている小さなふくろのいくつかは、かつてはそれぞれひとつだけで独立した生き物だった。大昔、緑色のふくろが、太陽からパワーをもらう方法を知った。その後その緑のふくろが、ほかのふくろの内側に入りこみ、花や木が生まれた。葉っぱの緑色は、これらの緑の小さなふくろの遠い子孫だ。

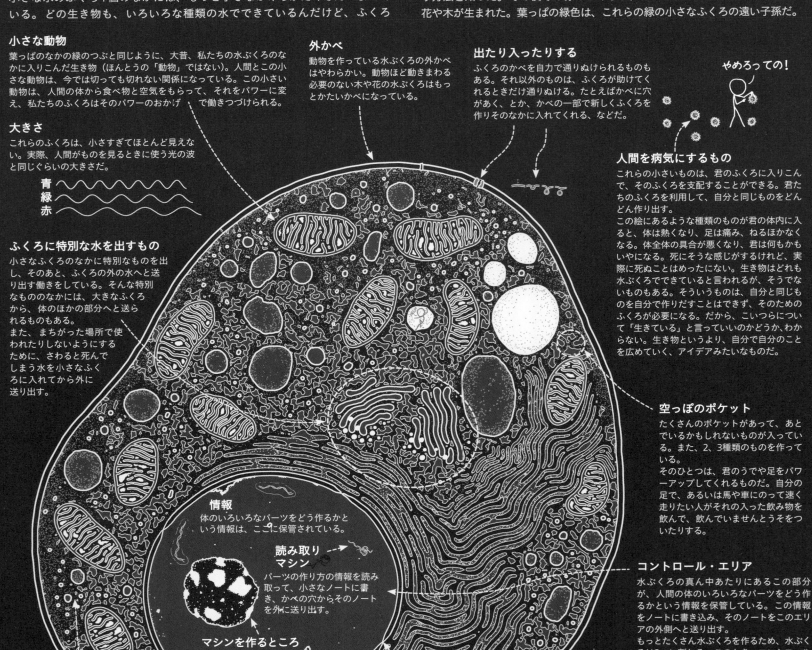

小さな動物
葉っぱのなかの緑のつぶと同じように、大昔、私たちの水ぶくろのなかに入りこんだ生き物(ほんとうの「動物」ではない)。人間とこの小さな動物は、今では切っても切れない関係になっている。この小さな動物は、人間の体から食べ物と空気をもらって、それをパワーに変え、私たちのふくろはそのパワーのおかげで働きつづけられる。

大きさ
これらのふくろは、小さすぎてほとんど見えない。実際、人間がものを見るときに使う光の波と同じぐらいの大きさだ。

青
緑
赤

ふくろに特別な水を出すもの
小さなふくろのなかに特別なものを出し、そのあと、ふくろの外の水へと送り出す働きをしている。そんな特別なもののなかには、大きなふくろから、体のほかの部分へと送られるものもある。
また、まちがった場所で使われたりしないようにするために、さわると死んでしまう水を小さなふくろに入れてから外に送り出す。

外かべ
動物を作っている水ぶくろの外かべはやわらかい。動物ほど動きまわる必要のない木や花の水ぶくろはもっとかたいかべになっている。

出たり入ったりする
ふくろのかべを自力で通りぬけられるものもある。それ以外のものは、ふくろが助けてくれるときだけ通りぬける。たとえばかべに穴があく、とか、かべの一部で新しくふくろを作りそのなかに入れてくれる、などだ。

人間を病気にするもの
これらの小さいものは、君のふくろに入りこんで、そのふくろを支配することができる。君たちのふくろを利用して、自分と同じものをどんどん作り出す。
この絵にあるような種類のものが君の体内に入ると、体は熱くなり、足は痛み、ねるほかなくなる。体全体の具合が悪くなり、君は何もかもいやになる。死にそうな感じがするけれど、実際に死ぬことはめったにない。生き物はどれも水ぶくろでできていると言われるが、そうでないものもある。そういうものは、自分と同じものを自分で作りだすことはできず、そのためのふくろが必要になる。だから、こいつらについて「生きている」と言っていいのかどうか、わからない。生き物というより、自分で自分のことを広めていく、アイデアみたいなものだ。

空っぽのポケット
たくさんのポケットがあって、あとでいるかもしれないものが入っている。また、2、3種類のものを作っている。
そのひとつは、君のうでや足をパワーアップしてくれるものだ。自分の足で、あるいは馬や車にのって速く走りたい人がそれの入った飲み物を飲んで、飲んでいませんとうそをついたりする。

コントロール・エリア
水ぶくろの真ん中あたりにあるこの部分が、人間の体のいろいろなパーツをどう作るかという情報を保管している。この情報をノートに書き込み、そのノートをこのエリアの外側へと送り出す。
もっとたくさん水ぶくろを作るため、水ぶくろは2つに割れる。このとき、コントロール・エリアも2つに割れ、割れた水ぶくろのそれぞれの部分に、水ぶくろについての元の情報をまるごと持っていく。
コントロール・エリアがない水ぶくろもある。人間の血液のなかにある水ぶくろにはない(だから血液は自然に増えたりしない)。だが、鳥の血液の水ぶくろにはある。このコントロール・エリアは、葉のなかの緑のつぶのように、昔はそれ自体が生き物だったのかもしれない。

情報
体のいろいろなパーツをどう作るかという情報は、ここに保管されている。

読み取りマシン
パーツの作り方の情報を読み取って、小さなノートに書き、かべの穴からそのノートを外に送り出す。

マシンを作るところ
コントロール・エリアの外側にあるいろいろなものを作る。

コントロール・エリアの穴
情報の書かれたノートや作業マシンは、このような穴を通って外に出る。

ちびの物作り職人
このエリアには、水ぶくろのために新しいパーツを作る小さな物作りマシンがたくさんあって、おおわれたようになっている。物作りマシンはコントロール・エリアのすぐ外側にいて、内側から出てくる、何を作ればいいかが書かれたノートを読んで仕事をする。
物作りマシンがパーツをひとつ作ると、そのパーツは水ぶくろのなかに落ちていく。どのパーツにも役目がある。別のパーツに「仕事をやめなさい」と言う役目。あるパーツを別の種類のパーツに変える役目。別のパーツにちがう仕事をさせる役目などだ。役目はあっても別のパーツが仕事を始めたのがわかるまで待っているパーツもある。
不思議なことに、どこへ行けとパーツに命じるものは何もない。パーツはほかのいろいろなパーツがいる水ぶくろのなかに落ちていって、自分がつかまえることになっているパーツに出会うまで、ふわふわ動くだけだ(または、自分がつかまえられることになっている別のパーツに出会うまで!)。変な言い方だけれど、実際に変なんだからしかたがない! ものすごくたくさんのパーツがあって、みんなたがいにつかまえあい、引きとめあい、助けあっている。この水ぶくろの内側は、世界のほかの何よりも理解するのが難しい。

さわると死んでしまう水が入ったふくろ
この小さなふくろには、ものをばらばらに分解する水が入っている。何かがこのなかに入ったら、この水によってとことん分解されてしまう。
何か問題が起こると、これらのふくろは破れ、分解する水がすべて外に出てしまう。こうなると、まわりのふくろそのものがばらばらになり、死んでしまう。
「ふくろそのものがばらばらになる」のは悪い話だ。なぜって、人間はふくろが集まってできているからだ。でも、もしもどれかのふくろに問題が起こったなら、そのせいで本体の君に悪いことが起こるかもしれない。分解する水がそのふくろを片づけて、体が新しいふくろを作るのを助けてくれる。

ふくろの形を保つもの
ふくろのパーツどうしのあいだの空間には、とても細いかみの毛のような線がたくさんつまっている。
いくつかの線はなかほどに穴があり、ふくろのなかであちらからこちらへと、ものを運ぶことができる。

変な箱
人間の水ぶくろには、こういう小さな箱がたくさんある。何をする箱なのかわかっていない。

重い金属から電気を作るビル
(ヘビメタパワー)

このビルは、なかなか見つからない、めずらしい重い金属を使って電気を作る。

使われる金属のなかには、地面の下に見つかるものもあるが、見つかるといっても2、3カ所でだけだ。人間が作れるこの種の金属もある——しかし、すでに働いている電気作りビルの助けがなければできない。

これらの金属は、いつも熱を出している。ただじっと置いてあるだけのときもそうだ。出る熱は2種類ある。ふつうの熱——火の熱のようなもの——と、それとはちがう、特別な熱だ。

この熱は、目には見えない光のようなものだ（ほとんどの場合、見ることはできない。君がその場で死んでしまうほどたくさんあるときだけ見える。色は青）。

ふつうの熱でもやけどするが、これらの金属からの熱は特別なやけどを起こす。この熱のそばに長いあいだいすぎると、体の具合が悪くなる。これらの金属について調べようとした最初の人々の何人かは、それで命を落とした。

その特別な熱は、重い金属の小さなかけらが分解するときに生まれる。この分解で、ふつうの火が出すよりもはるかに多い、ものすごくたくさんの熱が出る。だが、多くの種類の金属では、この分解はごくゆっくりと進む。地球と同じくらい古い金属の小さなかけらがあったとすると、そのかけらは、これまでにもともとあった量の半分しか分解していないだろう。

これまでの100年のあいだに私たちは、ものすごく変なことを知った。これらの金属のいくつかは、特別な熱を感じると、分解が速まるのだ。

この金属のかけらを1個、別のかけらの近くに置くと熱が出て、その熱で相手の金属ピースがペースを上げて分解しはじめ、その結果、さらに多くの熱が出る。

こんなふうに、この金属をたくさんいっしょに置きすぎると、ものすごい勢いでどんどん熱くなり、一度に全部が分解してしまい、1秒もしないうちにすべての熱が一気に出てしまうこともある。だから、小さな1台のマシンが街全体を焼きはらってしまうこともある。

電気を作るときには、この金属を少しずつ分けたものをたくさん準備し、熱は速く発生するけれど、コントロールできなくなってばく発してしまわないよう、はなして置くようにする。これはとても難しいが、この金属にはものすごくたくさんの熱とパワーがたくわえられているので、とにかく試してみたい人がいたわけだ。

外から電気を引くライン
このビルで電気を作るのだが、外からの電気がなければビルの電気作りは止まってしまう。
これは大事だ。というのも、とても大きな問題が生じた場合、この外からの電気を止めることによって、外からヘビメタパワービルを止めることができるからだ。

電気作りビル (パワー)
このビルに金属が置かれていて、電気を作っている。水が引きこまれ、金属を使ってその水をわかしてお湯にし、そのお湯から電気を作る。（下にもっと大きくした絵がある）

熱い金属がある側

電気を作る側

冷やすビル
電気を作り終えたあとの海水はとても熱い。その海水はこのビルに送られて、海にもどしても熱すぎないくらいに冷まされる。
空気のなかへと熱い水を送り出すと、水は雨のように落ちてくる。落ちるあいだに、空気が水を冷やす。逆に空気は暖められて上にのぼり、そのぶん外から冷たい空気が新しくやってきて、冷やす仕事を引き受ける。

使い終わった水はここから出てくる。
その水はきれいだが、まだ温かい。外が寒いときは、動物がここに集まってくる。

パワーライン箱
動物が入りこみ、何かをこわして、ビル全体が止まることがある。

水を使ってパワーを作るビル
このビルでは、水を熱くして電気を作る。そのため、冷たい水がすごくたくさん必要になる。このようなビルがよく海や大きな川の近くに建てられるのはそのためだ。
海からの水は、熱い金属そのものの近くまで流れる水にじかにさわらないようになっている。熱い金属は、金属パイプを通って流れている水を熱する。このパイプの熱を使って、別の容器に入った水を熱し、その熱せられた水がビルのほかの場所へ行き、海からの水を熱する。

ここから冷たい水を引きこむ。ときどき魚がつまる。すると、何が問題か調べるためにパワービル全体が止められてしまう。

コントロール棒
この棒で、金属をどこまで熱くするかをコントロールする。おしこまれた棒は金属のかたまりとかたまりのあいだに入って、金属が出す特別な熱をブロックする。
この棒が外からの電気で持ち上げられていることがある。その場合、外の電気が止まると棒はすべて落ちて、熱を止めてしまう。

かべ
問題が起こったとき、外に問題が広がらないようにする。

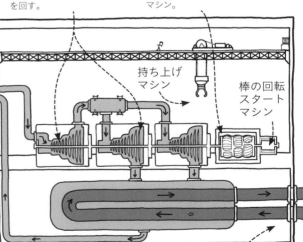

金属持ち上げマシン

パーツ持ち上げマシン

コントロール・ルーム

かべの穴
ここから新しい金属が入る。

使い終わった金属を置く部屋
金属が冷えていくあいだ、金属から出る特別な熱を水がブロックしてくれる。

熱いしめった空気

回るマシン
熱いしめった空気を使って棒を回す。

パワーマシン
回る棒を使って電気を作り出すマシン。

持ち上げマシン

棒の回転スタートマシン

金属（使用されるのを待っている）

内側のかべ

熱せられた金属　**熱い水**

予備の電気箱

とけた金属が流れこむ部屋
問題が起こってすべてが燃えだしたとき、このビルで使われる特別な金属はすごく熱くなり、水のように動きはじめる。ものすごく熱くなって、ゆかを焼いて穴をあけてしまうこともある。そのときこの部屋が水のようになった金属が落ちてくるのを受けとめ、ゆかに広がらせる。
この金属はひとつに小さく固まっているとどんどん熱くなるので、広がってくれるとありがたい。この部屋が使われるということは、すべてがとんでもなく悪いことになったということだ。

冷めてきたしめった空気

海につながるパイプ
川または海につながっている。

火星を走る宇宙カー

これは地球の近くにある赤い星、火星の上を走りまわる宇宙カーだ。人間が火星に行ったことはまだないが、アメリカはこれまでに4台の宇宙カーを火星に送りとどけたし、そのほかにも、火星のまわりを飛びまわりながら、高いところから見た絵をつくる宇宙ボートをたくさん飛ばしている。この宇宙カーは、これまでに火星に送りこまれた最大のものだ——大きさは地球を走るふつうの車とかわらない。

私たちがこれまでに火星に送った宇宙カーはどれも、水を探している。というのも、水があるなら、生き物もいるかもしれないからだ。今の火星には水はほんの少ししかないし、火星はとても寒いので、水はすべて氷になって地中にかくれている。でも、これまでずっとそうだったわけじゃない！

私たちの宇宙カーは火星の岩を調べ、すごいことを確かめた。ずっと昔、火星がまだ若かったころ、そこには海があったのだ。

今の火星に生き物がいるとは考えられていない。これまでに生き物は見つかっていないし、火星はとても寒くてかわいているし、空気もうすいので、火星の地面では、水はすぐに氷か水蒸気になってしまう。

でも、昔は海があったなら、たぶんそのころには動物もいただろう。地球で動物が死ぬと、動物の体の一部が石みたいなものになることがある。火星に動物がいたのなら、その動物が残した石を見つけることができるはずだ。

昔火星に生き物がいたとわかったなら、それは人間が確かめた最も重要なことのひとつになる。なぜなら、火星に生き物がいたのなら、生き物はおそらく宇宙のいろいろな場所にいるだろうと考えられるからだ。

宇宙にある、太陽のように自分で光る大きな星のほとんどで、そのまわりに、地球や火星のように自分では光らない小さな星が回っている。それはわかっているが、そんな小さな星の上に地球みたいに生き物がいるかどうかはわかっていない。地球に生き物がいるのはたしかだが、そのことだけでは、生き物が地球以外にもいろいろなところにあたりまえにいるとは言えない。もしかすると、生き物はとても変わっためずらしいもので、地球にたった一度現れただけで、ほかの星にはどこにも、こんな疑問に首をひねっている生き物なんていないのかもしれない。

だが、火星でも生き物が現れたと確かめられたなら、おそらく世界が新しくできるたびに生き物は現れるのであって、これまでにもあちこちの光る星のまわりで何度となく現れたのだろう、ということになる。

私たちの宇宙カーが火星の石のなかに生き物のしるしを見つけたなら、宇宙にいるのは地球の生き物だけじゃないことがはっきりする。

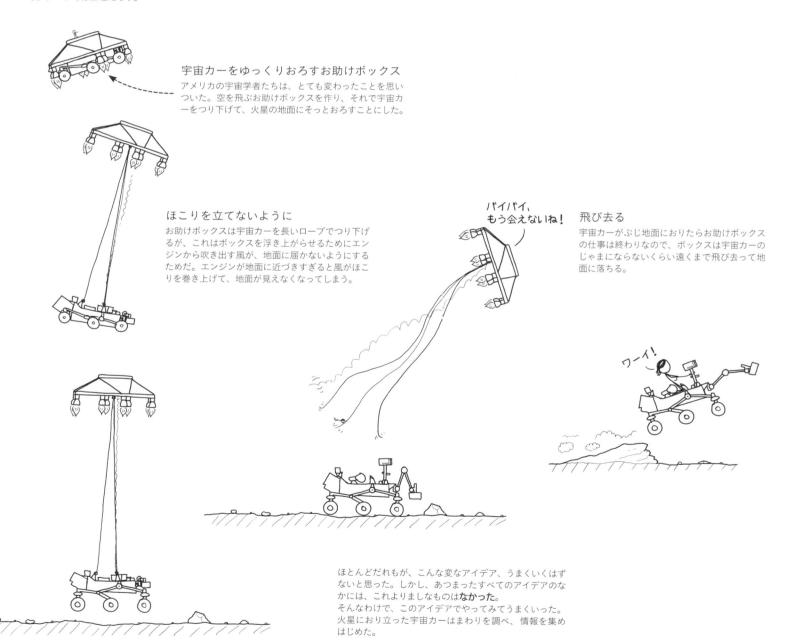

宇宙カーを火星におろす
この宇宙カーはものすごく重いので、こわれないようにゆっくりとおろすのは難しかった。落ちるスピードをおさえるため、ものすごく大きなシーツを取りつけてもいいけれど、この宇宙カーは重すぎる——それに火星の空気はひどくうすい——から、シーツでは無理だろう。

宇宙カーをゆっくりおろすお助けボックス
アメリカの宇宙学者たちは、とても変わったことを思いついた。空を飛ぶお助けボックスを作り、それで宇宙カーをつり下げて、火星の地面にそっとおろすことにした。

ほこりを立てないように
お助けボックスは宇宙カーを長いロープでつり下げるが、これはボックスを浮き上がらせるためにエンジンから吹き出す風が、地面に届かないようにするためだ。エンジンが地面に近づきすぎると風がほこりを巻き上げて、地面が見えなくなってしまう。

飛び去る
宇宙カーがぶじ地面におりたらお助けボックスの仕事は終わりなので、ボックスは宇宙カーのじゃまにならないくらい遠くまで飛び去って地面に落ちる。

ほとんどだれもが、こんな変なアイデア、うまくいくはずないと思った。しかし、あつまったすべてのアイデアのなかには、これよりましなものは**なかった**。
そんなわけで、このアイデアでやってみてうまくいった。火星におり立った宇宙カーはまわりを調べ、情報を集めはじめた。

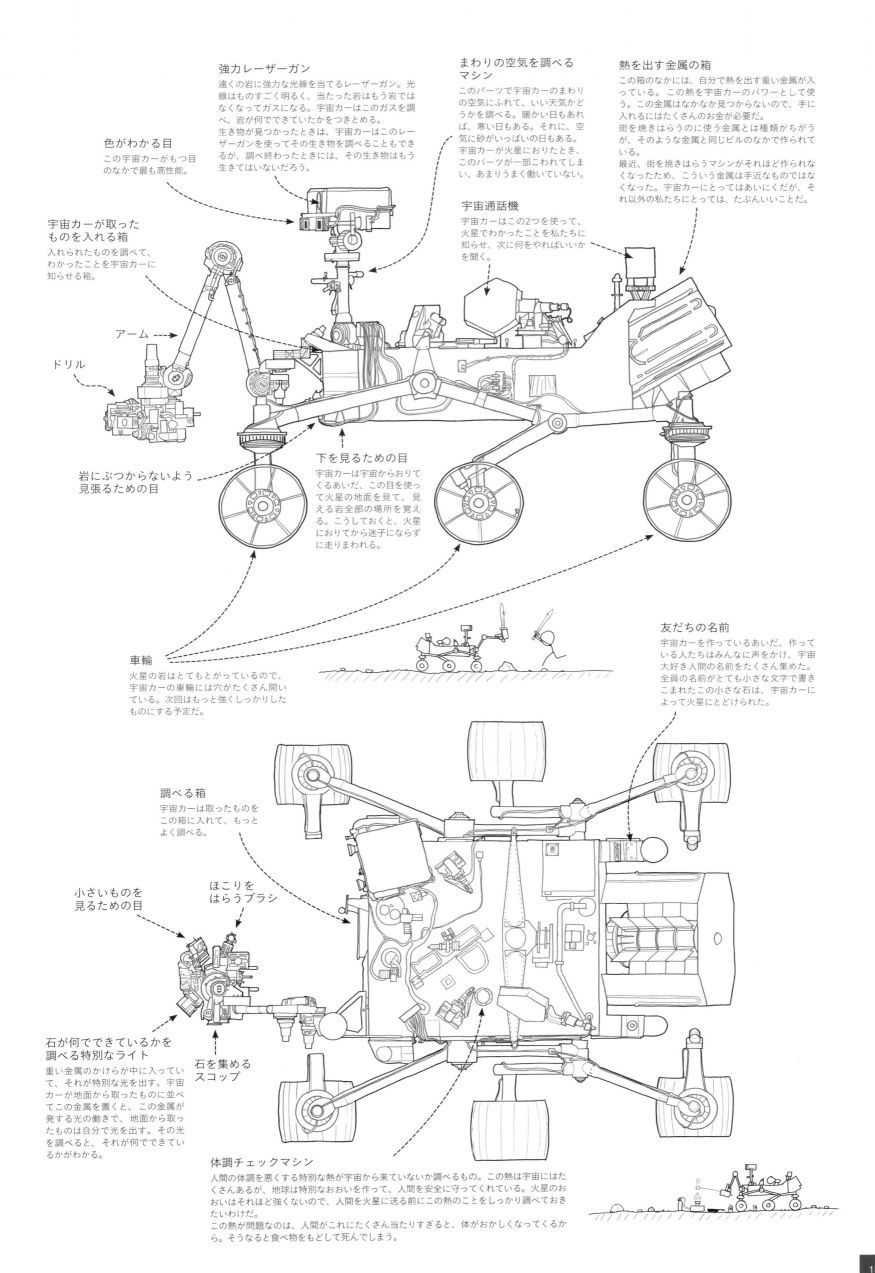

君の体内にあるいろいろなふくろ

これは、君の体のなかにあるいろいろなふくろがどんなふうにつながっているかを示したマップだ。
ふくろの実際の形や、君の体内にどんなふうにつまっているかは示していない。
そんなわけでこのマップは、街なかで見かけるような、電車がどこへ行くかを教えてくれるけれど、行き先の街が実際にどんな形なのかや、街と街がどれだけ遠いかは教えてくれない、色分けされたマップと似ている。
君の体内にある大事なパーツなのに、このマップにはのっていないものがたくさんある。でも、それでいいんだ。人間の体にはあまりにたくさんのパーツがあって、どんなマップでも一度に全部を示すことはできないのだから。

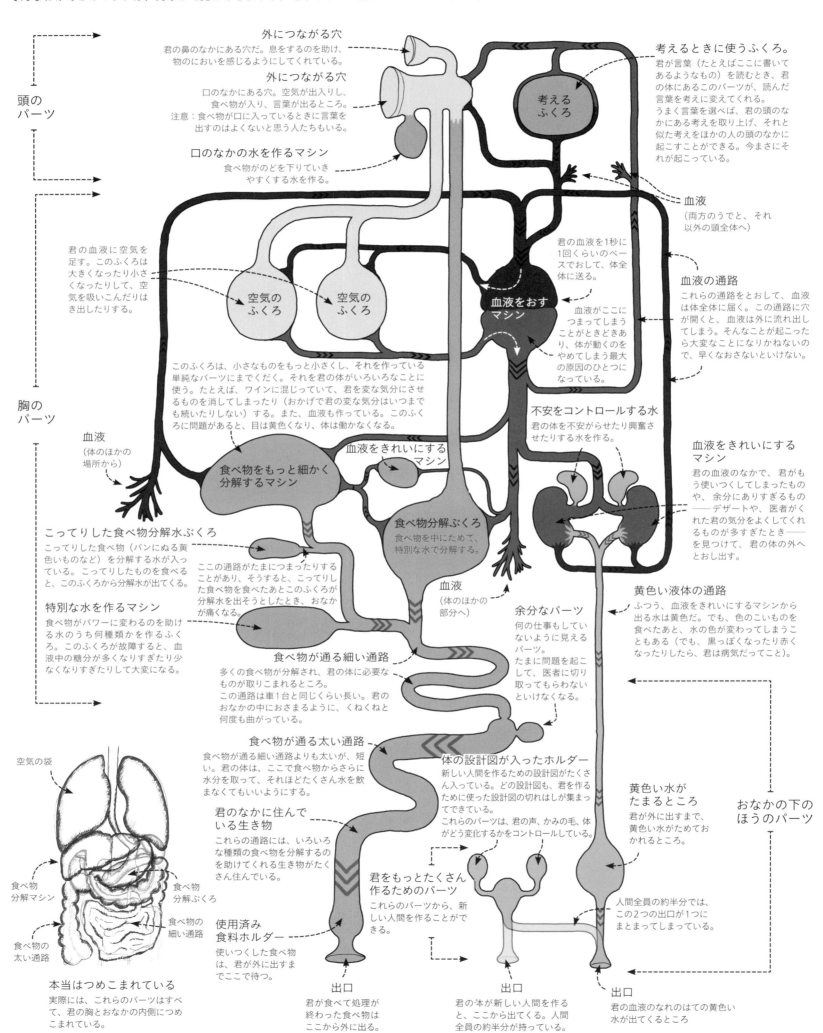

服をいいにおいにする箱

服は、いつまでもきれいなままということはない。ほこりやごみがつくし、君のはだが出すすきとおった水でおおわれてくる。服が長いあいだしめったままだと、いろいろなものがそこで育ち、いやなにおいがしてくる。

この箱は、服をきれいにする2つのマシンでできている。下のマシンは水で服を洗い、上のマシンはそれをかわかす。

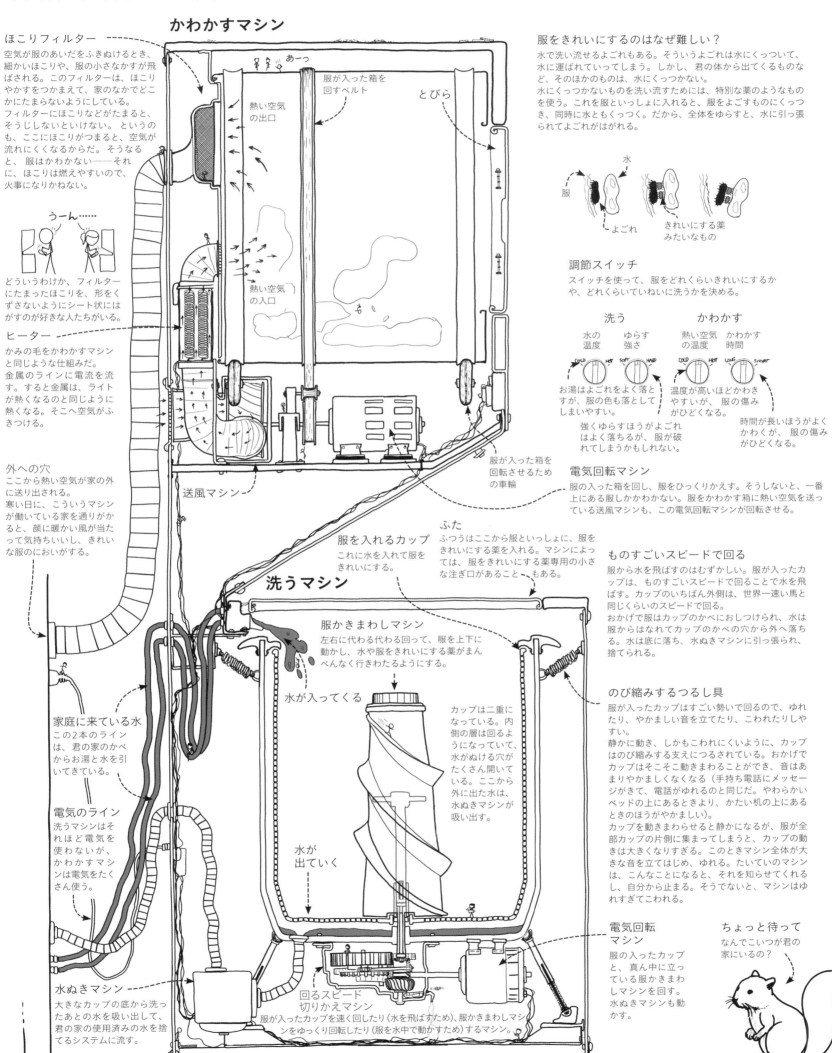

かわかすマシン

ほこりフィルター
空気が服のあいだをふきぬけるとき、細かいほこりや、服の小さなかすが飛ばされる。このフィルターは、ほこりやかすをつかまえて、家のなかでどこかにたまらないようにしている。フィルターにほこりなどがたまると、そうじしないといけない。というのも、ここにほこりがつまると、空気が流れにくくなるからだ。そうなると、服はかわかない——それに、ほこりは燃えやすいので、火事になりかねない。

どういうわけか、フィルターにたまったほこりを、形をくずさないようにシート状にはがすのが好きな人たちがいる。

ヒーター
かみの毛をかわかすマシンと同じような仕組みだ。金属のラインに電流を流す。すると金属は、ライトが熱くなるのと同じように熱くなる。そこへ空気がふきつける。

外への穴
ここから熱い空気が家の外に送り出される。寒い日に、こういうマシンが働いている家を通りがかると、顔に暖かい風が当たって気持ちいいし、きれいな服のにおいがする。

送風マシン

熱い空気の出口
服が入った箱を回すベルト
とびら
熱い空気の入口
服が入った箱を回転させるための車輪

洗うマシン

ふた
ふつうはここから服といっしょに、服をきれいにする薬を入れる。マシンによっては、服をきれいにする薬専用の小さな注ぎ口があることもある。

服を入れるカップ
これに水を入れて服をきれいにする。

服かきまわしマシン
左右に代わる代わる回って、服を上下に動かし、水や服をきれいにする薬がまんべんなく行きわたるようにする。

水が入ってくる

カップは二重になっている。内側の層は回るようになっていて、水がぬける穴がたくさん開いている。ここから外に出た水は、水ぬきマシンが吸い出す。

水が出ていく

家庭に来ている水
この2本のラインは、君の家のかべからお湯と水を引いてきている。

電気のライン
洗うマシンはそれほど電気を使わないが、かわかすマシンは電気をたくさん使う。

水ぬきマシン
大きなカップの底から洗ったあとの水を吸い出して、君の家の使用済みの水を捨てるシステムに流す。

回るスピード切りかえマシン
服が入ったカップを速く回したり（水を飛ばすため）、服かきまわしマシンをゆっくり回転したり（服を水中で動かすため）するマシン。

電気回転マシン
服の入ったカップと、真ん中に立っている服かきまわしマシンを回す。水ぬきマシンも動かす。

服をきれいにするのはなぜ難しい？

水で洗い流せるよごれもある。そういうよごれは水にくっついて、水に運ばれていってしまう。しかし、君の体から出てくるものなど、そのほかのものは、水にくっつかない。

水にくっつかないものを洗い流すためには、特別な薬のようなものを使う。これを服といっしょに入れると、服をよごすものにくっつき、同時に水ともくっつく。だから、全体をゆらすと、水に引っ張られてよごれがはがれる。

調節スイッチ
スイッチを使って、服をどれくらいきれいにするかや、どれくらいていねいに洗うかを決める。

洗う
水の温度／ゆらす強さ

かわかす
熱い空気の温度／かわかす時間

お湯はよごれをよく落としますが、服の色も落としてしまいやすい。
強くゆらすほうがよごれはよく落ちるが、服が破れてしまうかもしれない。
温度が高いほどかわきやすいが、服の傷みがひどくなる。
時間が長いほうがよくかわくが、服の傷みがひどくなる。

電気回転マシン
服の入った箱を回し、服をひっくりかえす。そうしないと、一番上にある服しかかわかない。服をかわかす箱に熱い空気を送っている送風マシンも、この電気回転マシンが回転させる。

ものすごいスピードで回る

服から水を飛ばすのはむずかしい。服が入ったカップは、ものすごいスピードで回ることで水を飛ばす。カップのいちばん外側は、世界一速い馬と同じくらいのスピードで回る。
おかげで服はカップのかべにおしつけられ、水は服からはなれてカップのかべの穴から外へ落ちる。水は底に落ち、水ぬきマシンに引っ張られ、捨てられる。

のび縮みするつるし具

服が入ったカップはすごい勢いで回るので、ゆれたり、やかましい音を立てたり、こわれたりしやすい。
静かに動き、しかもこわれにくいように、カップはのび縮みする支えにつるされている。おかげでカップはそこそこ動きまわることができ、音はあまりやかましくなくなる（手持ち電話にメッセージがきて、電話がゆれるのと同じだ。やわらかいベッドの上にあるときより、かたい机の上にあるときのほうがやかましい）。
カップを動きまわらせると静かになるが、服が全部カップの片側に集まってしまうと、カップの動きは大きくなりすぎる。このときマシン全体が大きな音を立てはじめ、ゆれる。たいていのマシンは、こんなことになると、それを知らせてくれるし、自分から止まる。そうでないと、マシンはゆれすぎてこわれる。

ちょっと待って
なんでこいつが君の家にいるの？

地球はどんなふうに見えるか

ここに並んでいるのは、地球の表面を表す地図だ。私たちが知るかぎりでは、地球の表面は特別だ。水が豊富な海があるのも、動きまわる岩の板が集まって陸ができているのも、地球だけだ。地球にはいろいろと面白いことがある。ここに並べた地図は、どこにどんな面白いことがあるかを表している。

地球は丸いボールなので、その表面をひとつのページにおさめるには、平らにのばさないといけない。すると、場所によっては形や大きさが変わってしまう。ここで使っている地図では上下のはしのほうの陸地が実際よりかなり大きくなっているし、左右のはしに近い部分は引きのばされて見える。この問題をさける方法はない。丸い星の表面をえがいた紙の地図はどれも、大きさ、形、それにある場所から別の場所までの長さなどが実際とはちがっている。ここの地図に出てくるものの形は、こういう問題のすべてに気を配り、どこかを引きのばしすぎたり、どこかが変に見えすぎたりということがなるべくないようにしている。

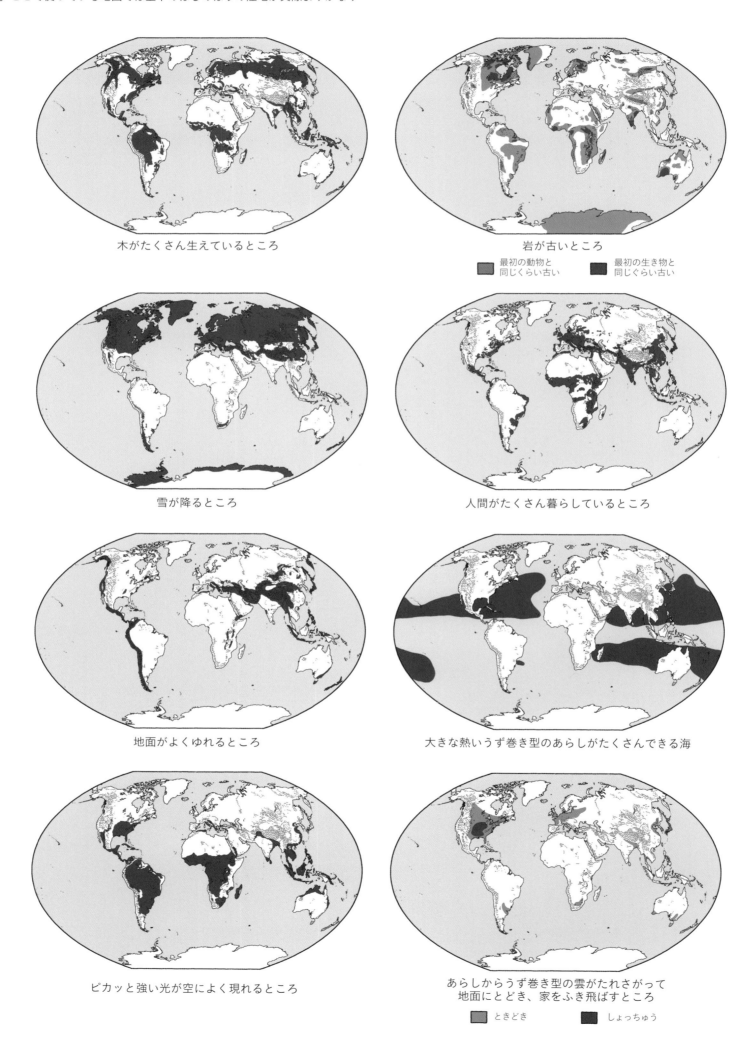

木がたくさん生えているところ

岩が古いところ
■ 最初の動物と同じくらい古い　■ 最初の生き物と同じくらい古い

雪が降るところ

人間がたくさん暮らしているところ

地面がよくゆれるところ

大きな熱いうず巻き型のあらしがたくさんできる海

ピカッと強い光が空によく現れるところ

あらしからうず巻き型の雲がたれさがって地面にとどき、家をふき飛ばすところ
■ ときどき　■ しょっちゅう

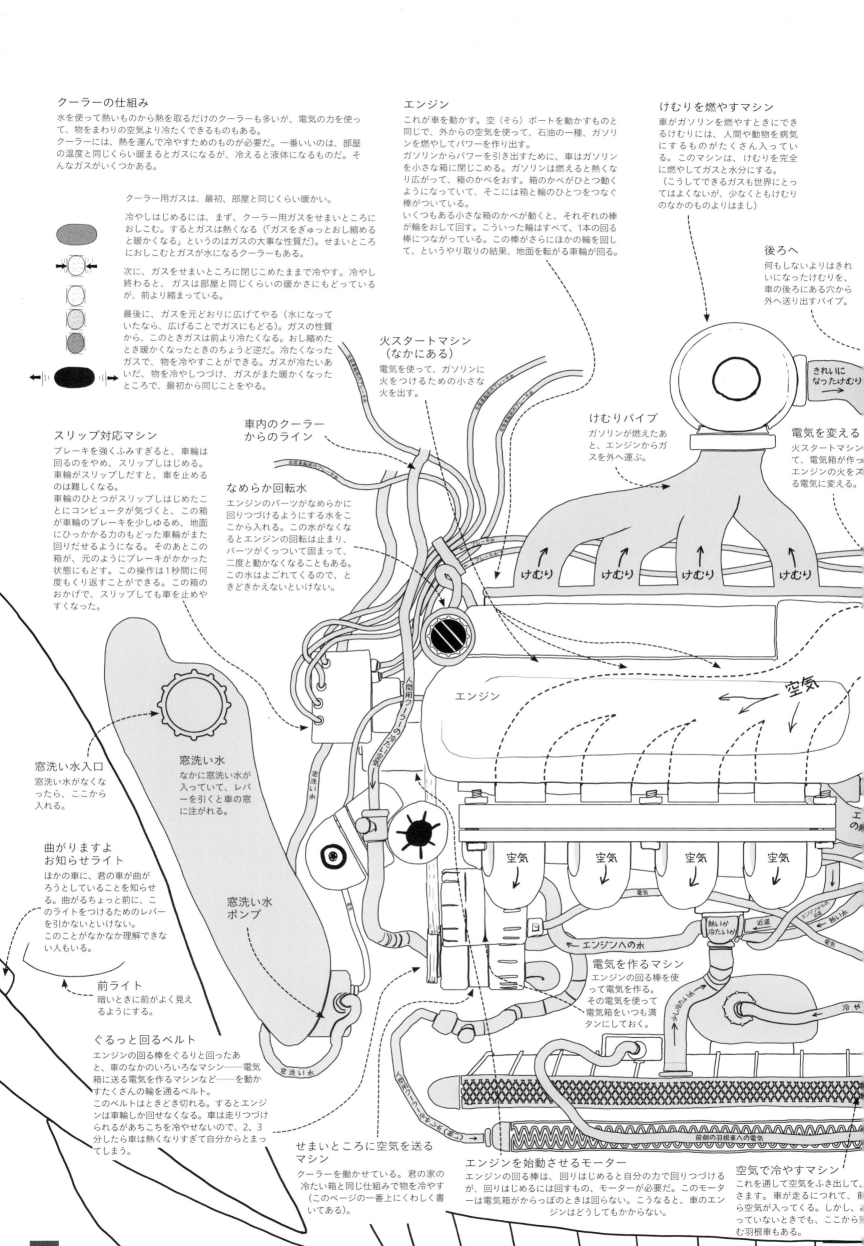

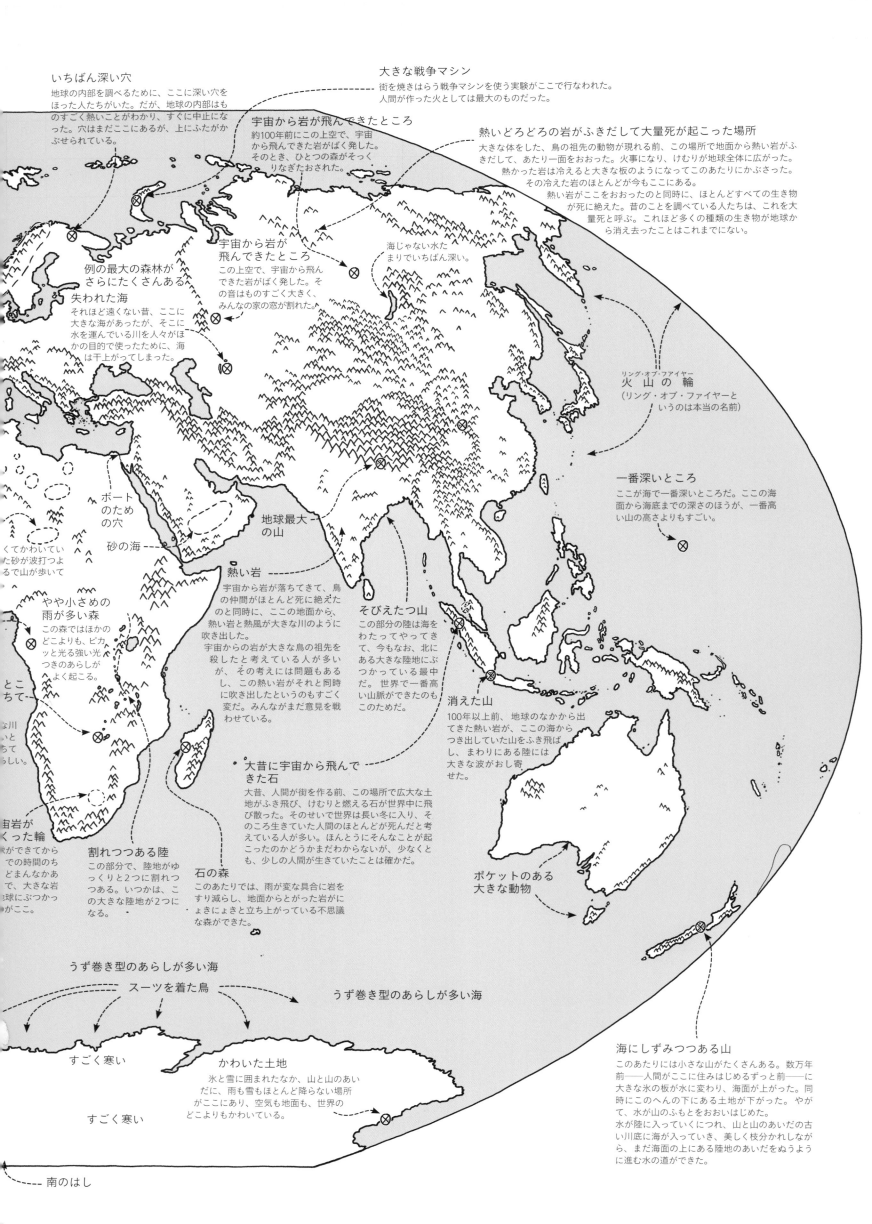

氷の板

最初の人間が現れる前から（でも、それほど昔ではなく、地球が生まれたことの次ぐらい昔のこと）、地球ではとても寒い時期ととても暑い時期が代わる代わる起こっている。寒い時期には、陸地の上に氷が張り、海面は100メートルほど下がる。

暖かくなる地球

いちばん新しい寒い時期は、約1万年前に終わり、人間が言葉を書きはじめ、町を作りはじめてからはずっと、かなり暖かい時期が続いている。現在、人間のせいで、空気が熱をためやすくなっているため、世界は**どんどん暑く**なっている。私たちのせいで温度がどれだけ上がるかは、寒くてこおっていた時期から今までのあいだに温度が上がったのと同じくらいになりそうだが、今の温度変化は、人間の一生より短い時間で起こっている。100年後地球がどうなっているかはわからない。だって、こんな短期間にこんなに温度を上げようとした人なんてだれもいないのだから。

氷の板が残した水たまり

大きな氷の板がとけて水になったとき、氷のかたまりが地面におしつけられてくぼんだ場所が、深い水たまりになって残った。これからの数万年で、川ができ、その流れが変わるにつれ、水たまりの水は海へと流れて、こういう水たまりはなくなってしまうだろう。

海が低かったころ、この2つの陸はつながっていて、歩いて行き来できた。

北のはし

ときどきこおる

緑の国（グリーンランド）
白くて厚い氷におおわれた陸地。

氷の国（アイスランド）
火山と緑の草地がたくさんある。

大つなみ
世界最大のつなみがここで発生した。

海のポケット

最大の森林
地球の北のはし近くで、いくつもの大陸にまたがって帯のように広がっているこの森林は、地球最大の森林システムだ。

はなればなれの山脈
この2つの山脈は、この2つの陸地がつながっていたころに1本の山脈として形づくられた。やがて山脈の真ん中に新しい海ができて、左右半分ずつに分かれてしまった。

できちゃった湖
100年以上前、食べ物を育てるために大きな川から水を引こうとして、ここに水路がほられた。ほしかった以上の水が来てしまい、人々はそれを止めることができなかった。1年ほどのあいだに、新しい湖ができた。

丸い水たまり
宇宙から落ちてきた石で穴ができて、森のなかに水たまりができた。

大量の水が流れ落ちているところ
大きな川がものすごい高さから落ちていて、見ごたえがある。（この近くには「落ちる水の家」と呼ばれる家もある。こちらも見ごたえがあるが、別の川のほとりにある）

海底の山脈
この山脈は、それに沿って海底が新しく生まれているしるしだ。そんな山脈が世界の大きな海のすべてにある。

砂の海
このあたりは暑い。風におされて動いていて、いるかのようだ。

鳥殺し岩
鳥が属する動物たちのグループは、昔は今よりずっと大きかったが、宇宙から大きな岩が落ちてきて、ここにぶつかったときに、そのほとんどが死んでしまった。その岩が落ちたあとが大きな円形になって、地面の下に残った。石油を探しているときに見つかった。

熱いところ（ホットスポット）
熱い岩が地球の深くから上ってきて、この場所で地表をつき破り、海面から頭を出している。ホットスポットの下にある陸が移動するにつれて、熱い岩や火がふき出す場所が次々と新しいところに移動していくので、山の列がどんどん長くなっていく。その列を見れば海底がどっちに移動しているかがわかる。

昔ヘビメタパワーが発生したところ
地球ができてから今までの時間のちょうどまんなかあたりで重い金属が、私たちのパワービルで起こっているのと同じように、自然に分解しはじめて熱を出せる量だけこの場所に集まった。こうした重い金属は時間がたつとどんどん分解していくので、自然に分解しはじめるほどたくさん集まっている場所は、今地球上には存在しない。しかし昔は、少なくとも一度はこのときにそんなことが起こった。

ボートのための穴
この場所に、ボートが通れるように穴を開けた。

鳥の島
昔この島に来て、鳥たちの顔を見比べて、生き物の仕組みをつきとめて有名になった人がいた。

雨が多い大きな森

大量の水が流れ落ちているところ
大きな川がものすごく高いところから落ちていて、とてもすばらしい。

森を育てるほこり
風がこの海をわたって、砂やほこりを運ぶ。砂ぼこりには、木に必要なものがふくまれており、着いたところで、世界最大の森のひとつが成長するのを助けている。

水が高いところから落ちている場所
ここで大きながとても高いところから落ちていて、

真ん中から遠いところ
この山の頂上は、ほかのどこよりも地球の中心から遠い。海面からの高さがずっと高い山はたくさんあるが、地球は縦より横のほうが長いので、この山の上が地球の中心から最も遠い場所だ。

大きな海
この海は、世界の約半分をおおっている。「静かな海」という意味の名前がついている。地球で最大で最強のあらしはここで起こる。

砂
風にふき寄せられた砂でできた大きな砂山がある。その手の砂山としては世界最大。板に乗ってこの上をすべりおりて遊ぶ人が多い。

とてもかわいたエリア

はなれ小島
昔、ある男が世界の一部を自分のものにしたことがあった。世界は彼と戦い、その部分を取りかえした。彼らは男をどなりつけ、彼が以前暮らしていたところの近くにある小島に送り、そこから出るなと言った。男はそこにはいたくなかったので、ボートでもどってきた。そして、また同じことが起こった。再び彼と戦ったすえに、世界は彼を**ここ**にある、彼が二度ともどってこれそうにない島に送って、そこに住まわせた。これでやっと彼はおとなしくなった。

氷の陸地
地球の南のはしはとても寒く、陸の上にはたくさんの氷が積み重なっている。この氷は、とても長いあいだここにある。地球が暖かくなってきている今、氷の一部が水に変わりつつあり、大勢の人が心配している。
注意：ここは「氷の国（アイスランド）」と呼ばれている場所ではない。氷の国（アイスランド）と呼ばれる場所はずっと北にある。そこにも氷はあるが、緑の草地もたくさんある。緑の草地がある「氷の国」は、はしからはしまで厚い氷におおわれた、もっと大きな島のとなりにある。氷におおわれたその島は「緑の国（グリーンランド）」と呼ばれている。

落とされた月ボート
アメリカが月へ送った宇宙ボートのひとつには、地球に帰る宇宙飛行士たちが月に置いて帰り、あとから地球に月の情報を送らせる予定のマシンがのせてあった。そのマシンは、重い金属から得られるパワーで動くものだった。この宇宙ボートは問題を起こし、引き返すことになったが、地球にそのマシンを持って帰るゆとりがなかった。そこで、だれも乗っていない月ボートにそのマシンをのせたまま捨てることにした。月ボートは地表にとどくことなく、地球の大気中で燃えつきるとわかっていた。マシンの重い金属は燃えつきないほどじょうぶな箱に入っていて、割れて開くことはないと思われたが、念のため、そしてだれかが見つけて重い金属をぬすんだりしないように、月ボートはこの、ものすごく深い海に向けて捨てられた。その箱を見つけた人はいないし、重い金属が海にもれだしたと確かめた人もいないので、箱は海底までしずんだと考えられている。たぶん、見つかることはないだろう。

うず巻き型のあらしが激しい海

氷のボート
大きな氷の板がここにいすわっている。ときどきはしがくずれて落ち、大きな氷のボートのように海のむこうまで運ばれてしまう（氷のボートがふつうのボートにぶつかると、たいてい氷のボートが勝つ）。

とても寒い

車の前カバーの下にあるもの

車の前カバーの下にはいろいろなものがある。ふつう一番大きいのは、車が前進するよう車輪を回す、エンジンだ。だが、ほかにもいろいろなものがあり、車のことをよく知っている人でも、全部のパーツを説明するのには苦労するだろう。

この絵では、車の前カバーを開けたら見えるはずのものの一部を示している。

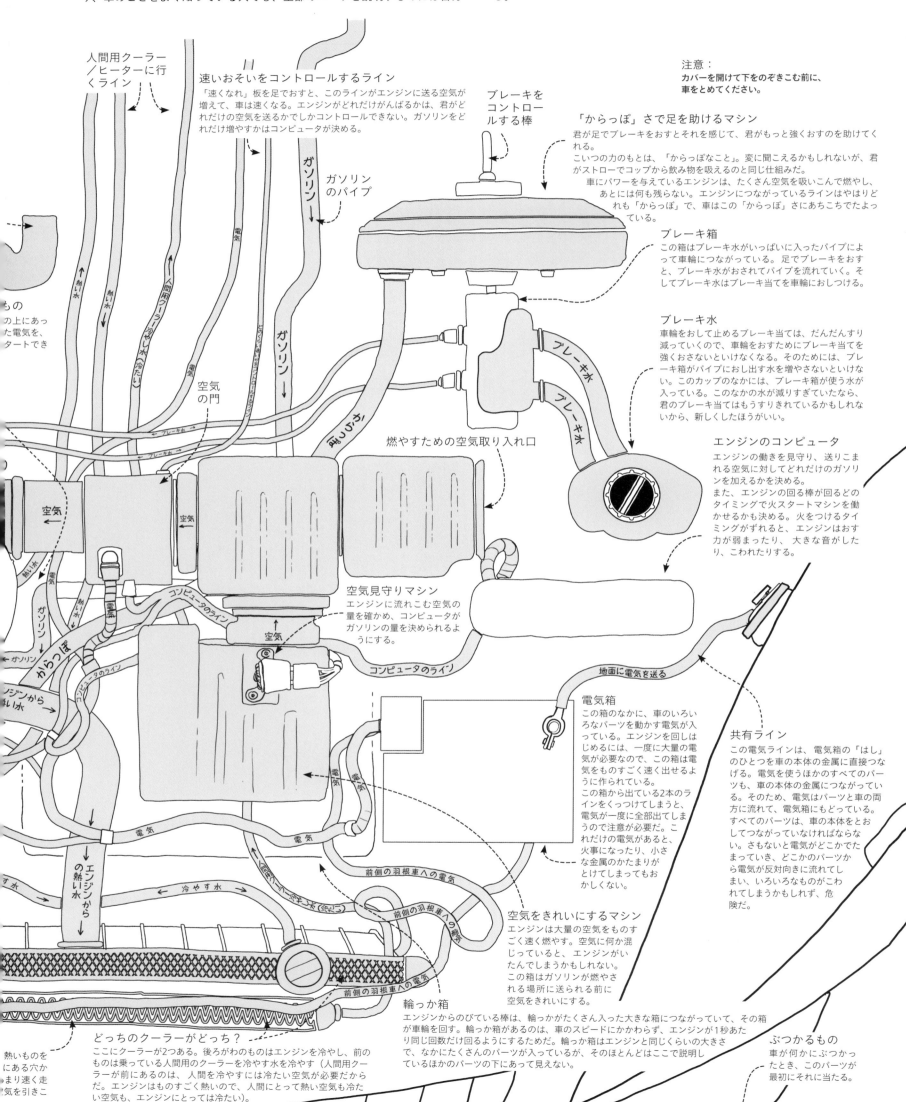

人間用クーラー／ヒーターに行くライン

速いおそいをコントロールするライン
「速くなれ」板を足でおすと、このラインがエンジンに送る空気が増えて、車は速くなる。エンジンがどれだけがんばるかは、君がどれだけの空気を送るかでしかコントロールできない。ガソリンをどれだけ増やすかはコンピュータが決める。

ガソリンのパイプ

ブレーキをコントロールする棒

注意： カバーを開けて下をのぞきこむ前に、車をとめてください。

「からっぽ」さで足を助けるマシン
君が足でブレーキをおすとそれを感じて、君がもっと強くおすのを助けてくれる。
こいつの力のもとは、「からっぽなこと」。変に聞こえるかもしれないが、君がストローでコップから飲み物を吸えるのと同じ仕組みだ。
車にパワーを与えているエンジンは、たくさん空気を吸いこんで燃やし、あとには何も残らない。エンジンにつながっているラインはやはりどれも「からっぽ」で、車はこの「からっぽ」さにあちこちでたよっている。

ブレーキ箱
この箱はブレーキ水がいっぱいに入ったパイプによって車輪につながっている。足でブレーキをおすと、ブレーキ水がおされてパイプを流れていく。そしてブレーキ水はブレーキ当てを車輪におしつける。

ブレーキ水
車輪をおして止めるブレーキ当ては、だんだんすり減っていくので、車輪をおすためにブレーキ当てを強くおさないといけなくなる。そのためには、ブレーキ箱がパイプにおし出す水を増やさないといけない。このカップのなかには、ブレーキ箱が使う水が入っている。このなかの水が減りすぎていたなら、君のブレーキ当てはもうすりきれているかもしれないから、新しくしたほうがいい。

燃やすための空気取り入れ口

空気見守りマシン
エンジンに流れこむ空気の量を確かめ、コンピュータがガソリンの量を決められるようにする。

エンジンのコンピュータ
エンジンの働きを見守り、送りこまれる空気に対してどれだけのガソリンを加えるかを決める。
また、エンジンの回る棒が回るどのタイミングで火スタートマシンを働かせるかも決める。火をつけるタイミングがずれると、エンジンはおす力が弱まったり、大きな音がしたり、こわれたりする。

電気箱
この箱のなかに、車のいろいろなパーツを動かす電気が入っている。エンジンを回しはじめるには、一度に大量の電気が必要なので、この箱は電気をものすごく速く出せるように作られている。
この箱から出ている2本のラインをくっつけてしまうと、電気が一度に全部出てしまうので注意が必要だ。これだけの電気があると、火事になったり、小さな金属のかたまりがとけてしまってもおかしくない。

共有ライン
この電気ラインは、電気箱の「はし」のひとつを車の本体の金属に直接つなげる。電気を使うほかのすべてのパーツも、車の本体の金属につながっている。そのため、電気はパーツと車の両方に流れて、電気箱にもどっている。すべてのパーツは、車の本体をとおしてつながっていなければならない。さもないと電気がどこかでたまっていき、どこかのパーツから電気が反対向きに流れてしまい、いろいろなものがこわれてしまうかもしれず、危険だ。

空気をきれいにするマシン
エンジンは大量の空気をものすごく速く燃やす。空気に何か混じっていると、エンジンがいたんでしまうかもしれない。この箱はガソリンが燃やされる場所に送られる前に空気をきれいにする。

輪っか箱
エンジンからのびている棒は、輪っかがたくさん入った大きな箱につながっていて、その箱が車輪を回す。輪っか箱があるのは、車のスピードにかかわらず、エンジンが1秒あたり同じ回数だけ回るようにするためだ。輪っか箱はエンジンと同じくらいの大きさで、なかにたくさんのパーツが入っているが、そのほとんどはここで説明しているほかのパーツの下にあって見えない。

どっちのクーラーがどっち？
ここにクーラーが2つある。後ろがわのものはエンジンを冷やし、前のものは乗っている人間用のクーラーを冷やす水を冷やす（人間用クーラーが前にあるのは、人間を冷やすには冷たい空気が必要だからだ。エンジンはものすごく熱いので、人間にとって熱い空気も冷たい空気も、エンジンにとっては冷たい）。

ぶつかるもの
車が何かにぶつかったとき、このパーツが最初にそれに当たる。

羽が回る空ボート

空ボートはふつう、羽に空気が強くぶつからないと本体がさがってくるので、速く進まなければならない。おそすぎると落ちてしまう（落ちたおかげで、立ち直れる速さがかせげることもあるが）。
このボートは、ふつうの空ボートと同じようなわけで飛ぶけれど、かしこいやり方をする。ボート全体が速く進むのではなく、羽だけが速く動くのだ。

ほかの部分は好きなだけゆっくり動けばいいし、とまって、空の同じところにずっといることもできる。
ふつうの空ボートで、羽が本体より速く進んだら、羽だけどこかへ飛んでいってしまうだろう。でも、このボートの羽はくるくる回る。そのため、羽は飛べるだけの速さで動きながら、本体にくっついたままでいられるわけだ。

回る羽
ふつうの空ボートの羽とほとんど同じだが、前に進むのではなく、くるくる回る。

向きを安定させる羽
この羽で、ボートをまっすぐ向かせる（横にある羽根車も同じ仕事をする）。

ターボエンジン
ふつうの空ボートのエンジンと同じように働く、石油を使ったマシンだが、このボートはエンジンから出るパワーをすべて、回る羽を支えている棒を回すのに使う。ふつうの空ボートと同じく熱い空気が出てくるが、このボートの場合、その空気は何もおさない。

回転を変える箱
いい仕事をするためには、ターボエンジンはとても速く回らないといけない。この箱は、歯のついた輪っかを使って、羽がターボエンジンよりもゆっくりと回るようにする。
この箱がないと、羽は1秒あたりにエンジンと同じ回数回り、羽の先は音よりも速いスピードで動くことになる。そんなことになれば役に立たないし、たぶん折れてはずれてしまうだろう。

本体つるし器
本体は羽の下にぶらさがっており、この金属パーツが羽と本体をくっつけている。

羽コントローラ
羽がどのように回るかを少し変えるためのマシン。羽が空気をどうおすかを調節する（ちょっとわかりにくいので、くわしいことは下の説明を読んでください）。

冷たい空気が入ってくる

熱い空気が出てくる（が、おす仕事はしない）

コントロール・ライン
中にある水をおして、羽コントローラを回す（下の説明を読んでください）。

窓

後ろの羽根車を回す棒
後ろの羽根車を回転させる。

無線用アンテナ
無線信号の波をキャッチする。

底の窓
このボートはまっすぐ地面におりられるので、そのとき下が見えると助かる。

地面におりる足
車輪のついているものが多いが、こういう足のものもある。草やどろなど、車輪が回らなくなる場所におりることも多いためだ。

後ろの羽根車
このボートの羽が回るとき、本体には羽が回るのと逆向きに回るような力がかかる。この後ろの羽根車はそれをおし返して、本体がくるくる回らないようにする。

ああ、そうそう、南半球では反対向きになるんだよ、地球の自転のせいでね。
風の中、からっぽになっちゃったの？

このような空ボートの羽は、たいていの国では左に回るが、右に回る国が2、3ある。

この空ボートはどうして前に進めるのか

空ボートの羽は、風に平行にも回転できるが、風が羽をおし上げるような向きに回転したのでは、本体を持ち上げることはできない。
前に進むには羽をコントロールし、羽が本体の前側にあるときには風に平行に、後ろ側にあるときには風に持ち上げられるような角度になるよう回転させる。

こうすることで、本体は前にかたむく。かたむく前は、羽は本体を持ち上げているだけだったが、少し前にかたむいてからは、羽は本体を少し前にも進ませる。かたむきが大きくなるほど、速く前に進む。かたむきすぎると、羽は本体を前にしか運ばなくなり、上には持ち上げなくなる。すると、いろいろと困ることになる。

ちょっと待った！ なんでそんなことができるんだい？

羽はくるくる回っているので、前に来る羽はどんどん入れかわっているのに、どうして前側の羽だけ風と平行に、後ろ側の羽だけ角度をつけられるのか、不思議に思うかもしれない。
その答はこうだ。いろいろなマシンのことをすごく知っている人たちが、羽を回転させながらその向きを変えるマシンの作り方を思いついたんだ。

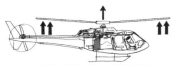 

それぞれの羽のはしには棒がついていて、そうした棒がひとつの輪までのびている。この輪は羽と棒（羽といっしょに回っている）とともに回転するが、もうひとつの回転しない輪の上にのっている。
前に進もうとするとき、ボートを動かす人はコントロール棒を使って下側の輪をかたむけ、片側が高くなるようにする。このとき、上側の輪もいっしょにかたむく。羽が高くなった側にあるときは、その羽についている棒が羽自体の後ろ側（空気の流れ去る側）をおしあげるから、羽が風に平行になって、本体をおしあげる力がまったく働かない。羽が回って反対側にいくと、棒のささえがなくなった羽の後ろ側がたれさがって風に対して角度がつくから、本体が大きく持ち上がる。

空ボートはどこまで高くあがれるの？

羽が回るタイプのボートは、ふつうのタイプのよりもたくさん空気をおさないと上にあがれない。ふつうのものが飛ぶような、空の高いところは、宇宙に近いので空気がうすい。羽が回る空ボートで、世界最高の山の上まで飛べるものは少ないが、ふつうのものは何の問題もなく、その上を飛ぶことができる。

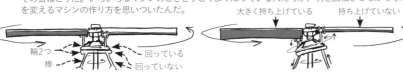

それでも、羽が回る空ボートが海面よりどれだけ高く飛んでいるかにくらべたら、海中を進むボートは海面すれすれを進んでいるようなものだよ。

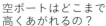
ふつうの空ボート

羽が回る空ボート

海中を進むボート

曲がった羽

羽が回る空ボートが地面にとまっているあいだ、羽が下向きに曲がっていることがある。羽がそんなふうじゃ困るんじゃないかと、心配になるかもしれないが、これでいいのだ！ 少し曲がる羽のほうがコントロールしやすいし、回転しているときは、回転の力で羽はまっすぐのびる。

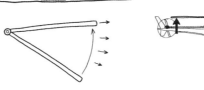

全部故障しちゃったらどうなるの？

ふつうの空ボートは、故障してもそのまま飛びつづけることができ、ゆっくりとおりていける。羽が回る空ボートも、前に進んでいないときだって、同じことができるんだ！

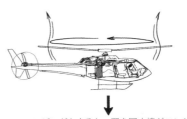

回る羽はうすっぺらいけれど、大きなシーツと同じぐらい、ボートがゆっくり落ちるようにできる。

エンジンがとまると、羽を回す棒がエンジンから切りはなされ、羽は自力で回転できるようになる。羽のかたむきがちょうどよければ、羽に当たりながら流れる空気の速め、速くなった空気の流れが羽をさらに速く回転させて、本体が落ちるスピードをおそくする。
羽を回す外からの力がなくなったのに、羽の回転でボートがおし上げられるのは変な感じがするかもしれない。しかし、みなさんもそれと気づかずに、これと同じ「外からの力なしに回っているときに、上向きの力が働く」のを見たことがきっとある。というのも、木がこの方法を使っているからだ。
木は、小さな木の卵を地面に落として赤ちゃんを作る。同じ種類の木が遠くまで生えるように、卵に小さな羽をつけて、卵がゆっくり落ちるようにして、そのあいだに風で遠くまで飛ばされるようにしている木もある。羽はあまり大きくないので、卵はそれほど速くまでは行かない。だが、羽のおかげで回転できる。このため、木の卵はとてもゆっくりと落ち、かなり遠くまで飛ぶ。
というわけで、君が乗っている空ボートのエンジンがとまっても心配いらない。ボートは飛びつづける。回りながら落ちる小さな木の葉と同じように、君を安全に地面までおろしてくれる。

アメリカの国の法律

この国は、ほかの国に属していたあるグループの人たちが、その国とは別れて自分たちの国を作ることにしたときに生まれた。彼らは、新しい国の土台となり、またその国でその後できるたくさんの法律の土台となるような一組の法律を作った。

200年以上がすぎた今もその一組の法律は、少し変わった部分もあるが、守られ、学ばれ、新しいやり方で受け止められている。

始める前に

こんにちは。私たちは「州」と呼ばれる小さな国々で暮らしていますが、みんなで集まって、ひとつの国を作りたいと思います。私たちは、すべてがよくして静かであるようにし、ほかの国の人たちから困らされないようにし、そして自分の子どもたちが自由でいられるようにしようと思います。そのためにひとつの国を作るのです。ここに、その国の法律を示します。

1冊め　法律を作る人たち

パート1：法律は、「法律メーカー」と呼ばれる人たちのグループによって作られる。法律メーカーの部屋は2つある。「ハウス」と「マジな部屋」だ。

パート2：ハウスに入る法律メーカーは、2年ごとに選ぶ。大きな州は、それだけたくさんの人をハウスに入れることができる。あ、それから、法律メーカーの部屋にいすがいくつなくてはならないかをはっきりさせるために、州のときどき、人間が何人いるかを数えないといけない。

パート3：どの州も、マジな部屋に入る法律メーカーを2人、6年ごとに選ばないといけない。選ばれる人は、若すぎてはいけない。

パート4：リーダーを選び、国で何かを決めるために人々が集まる場所と集まり方についての法律を、各州で作る。

パート5：法律メーカーたちは集まったとき、どんな話をしたかを書きとめなければならない。

パート6：法律メーカーは給料をもらう。彼らは、法律メーカーの部屋で言ったことのせいで、その部屋の外で文句をつけられることはないが、法律メーカーであるあいだは、国のためにほかの仕事をすることはできない。

パート7：法律メーカーたちが新しい法律のアイデアを持っていて、両方の部屋の半分以上の人がそのアイデアに賛成のなら、それを法律にしてもらうために、国のリーダーに送る。リーダーがそれを気に入らなくても、法律メーカーたちはそれを法律にできるが、もっとたくさんの人の賛成が必要になる。

パート8：法律メーカーたちは、人々からお金を集めることができるが、全部のお金をひとりの人間から取るなどのことはできない。法律メーカーたちは集めたお金で、郵便局や、「玉飛ばし」をそなえたボートなど、特定のものを作ることができる。彼らは、たとえば、ボートを横切りする（遠くでやるとしても）、にせもののお金を作って、人々にそれは本物だと言うなどの、いくつかのことをやった人々をこらしめることができる。

パート9：法律メーカーがしてはならないことがたくさんある。ある人が行なったことを、そのあとで作った法律で禁じて、その人を閉じこめることはできないし、一部の人たちに、彼らがほかの人々よりも重要だと示すような名前をつけることもできない。

パート10：国だけにでき、州にはできないことがいくつかある。金を作る、戦争を始めるなどだ。州はよその州の金を横取りしたり、玉飛ばしをボートに向けたりすることはできない。

2冊め　リーダーたち

パート1：この国の人々は、4年に1度リーダーたちを選ぶ。選ぶのは、国の長である第1のリーダーと、そうではない第2のリーダーだ。第1のリーダーがいなくなると、くびになると、第1のリーダーがやっていた仕事を第2のリーダーが引きつぐ。各州に、その法律メーカーの人数だけ点数が割り当てられるというシステムにもとづいて、リーダーたちを選ぶ。

パート2：リーダーは、国のために戦う人々を指し図する。リーダーはまた、ほかの国のリーダーに話しかけて、困っている人々を助けることができる。

パート3：第1のリーダーはときどき、いろいろなことが今どうなっているかを法律メーカーたちに知らせ、どうしたらいいか、アイデアを提案しなければならない。

パート4：法律メーカーたちは第1のリーダーをくびにできるが、それは、同時にほかの国のリーダーになってこの国にせめこむとか、国のお金を横取りしてボートの上で暮らすなど、ほんとうにひどいことをしたときだけだ。

3冊め　法律判断者

パート1：最高法律判断者と呼ばれる人たちのグループがある。彼らは、法律が破られたかどうかを判断する。国はほかにも法律判断者のグループを作ることができるが、それは最高法律判断者たちほど重要ではない。

パート2：最高法律判断者たちは、ほかの国のリーダーがこの国に送りこんだ人たちが何かがけんかになったとか、だれかが法律と法律をめぐる争いになったなど、特別な種類の争いについてしか判断しない。それ以外のときは、特定の種類の争いで、争っている人々が法律判断者の判断になっとくしない場合にしか立ち入らない。

パート3：「国にさからう」ことは、とてもはっきりした、少しのことしか意味しない。私たちと戦う、私たちと戦っているグループに加わる、または、私たちと戦っているグループを助ける、この3つだ。だれかが国にさからったかどうかを証明するには、2人の人間がそれを見たと言うか、あるいは、本人が「法律判断部屋」のなかでそう認めなければならない。法律メーカーたちは、国にさからうことは法律に反すると言うことができるが、だからといって、この法律を理由にやりたいほうだいしていいわけじゃない（外国でもこれまでよくない使われ方をしたことがあった）。

4冊め　州

パート1：この国には州があり、州は州としてちゃんとやっていかねばならない。ある州の法律判断者たちが何かを決定したとき、ほかの州の法律判断者たちは、同じ決定をする必要はないが、その州の決定をないがしろにすることはできない。つまり、ある州で問題に巻きこまれた者がよその州へ行き、同じ問題に巻きこまれていないと、そこの法律判断者に言ってもらうことはできない。

パート2：どの州から来たにしろ、あなたは同じ権利を持つ。また、あなたがある州で問題に巻きこまれ、別の州へにげたとすると、その州はあなたを元の州に送り返さなければならない。

パート3：国は新しい州を加えることができる。国はまた個人と同じように、州のなかにある土地を所有することができる（国に必要なことのために使う目的で）。

パート4：どの州も、その州の人々でやっていくことと、そして、もしもだれかが戦いをしかけた場合——または問題があり、州が助けを求めた場合——国全体がやってきて、その州のために戦うことを、国は約束する。

5冊め　この法律の修正

人々はこの法律を変えることができるが、そのためには、多くの法律メーカーと多くの州がその修正に同意しなければならない。同意は、半分より少し多いぐらいではだめで、大部分でなければならない。州のグループが法律メーカーぬきで修正したい場合は、大きな法律会議を開き、州が集まって修正についての意見を出しあい、どの意見がいいかを決めることができる。

6冊め　みなさん、聞いてください

ここに書いてある法律は重要で、みんなが従わねばならない。また、この国がほかの国と何かについて同意したときは、それも重要になる。それ以外の法律も重要だが、くらべればそれほど重要ではない。この国のために働いている人はみな、私たちの味方だと約束しなければならない（ただし、だれが神を信じるか言う必要はない）。

7冊め　これは今でも意味があるのかな？

この国は、8つより多くの州が集まってはじめて成り立つ。

10の修正

修正1：この国は、神についての法律を作ることはできない。また、人々が話すこと、だれといっしょに過ごすか、そして、何を書くかについての法律を作ることもできないし、何かに不満なとき、けんかをしかけているのでない限り、それをリーダーに話すのをとめることもできない。

修正2：よく訓練された、玉飛ばしを持つふつうの人々がいるのは国の安全のために重要なので、人々が玉飛ばしを持つのをやめさせてはならない。

修正3：だれかが国のために戦っているからといって、それだけでその人をあなたの家にしばらくいさせないということはない。

修正4：警察は、ちゃんとした理由と法律判断者からの特別な証明書なしにあなたの物を調べることはできない。

修正5：警察は、ただそうしたいというだけであなたに何かをすることはできない。彼らは、あなたがどんな悪いことをしたかをはっきりさせなければならない。警察は、自分は法律を破ったと無理やりあなたに認めさせることは絶対にできない。

修正6：もしもあなたが問題に巻きこまれたなら、あなたは法律判断部屋のなかで、ふつうの人たちのグループの前で、そのことについて争うことができ、また、もし望むなら、あなたはいつでも、法律をよく知っている人に助けてもらうことができる。もしもだれかがあなたは悪いことをしたと言うなら、あなたはその人たちに直接話をすることができる。

修正7：あなたは問題に巻きこまれていない場合でも、ふつうの人々のグループの前で法律について争うことができる。

修正8：人々は悪い人たちに対してさえ、楽しむためにひどいことをしてはならない。

修正9：人々はここに書かれていないことも行なうことができる。

修正10：国はこの法律で認められていることしかできない。州は何でもできる。

さらなる修正

修正：人々はよその州と、法律についての争いをすることはできない。自分の州とだけができる。

修正：私たちはリーダーの選び方について、法律を修正した。

修正：私たちは、人間を買って無理やり働かせることができるかどうかについて、いくつかの州と大きな戦争をしたばかりだ。これについて「できない」と言う側が勝った。したがって、人間を買ったり無理やり働かせたりすることは、もうできない。

修正：また、その戦争はもう終わったので、州が人々に対してできることとできないことについての法律をいくつか加える。

修正：そうそう、そして、はだがどんな色の人も、リーダーを選び、国が今後どうするかを決めるのに協力することができる。

修正：国はあなたがもらったお金の一部を、私たちに必要なもののためのお金として取ることができる。

修正：マジな部屋に入る法律メーカーたちを選ぶのは、州のリーダーたちではなく、人々だ。

修正：ビールとワインはなくそう。

修正：性別にかかわらず、人々はリーダーを選び、国が今後どうするかを決めるのに協力することができる。

修正：私たちは新しいリーダーが古いリーダーを引きつぐ日のいくつかを早くした。今では車というものがあるので、人々が移動するのに何カ月もかからなくなったからだ。

修正：ビールとワインをなくすという話はなかったことにする。

修正：いつまでも第1のリーダーでありつづけることはできない。

修正：リーダーや法律メーカーたちがいる特別な町に住む人たちも、ふつうの州に住んでいるときと同じように、リーダーたちを選ぶことや国がこれから何をするかを決めることに参加できる。

修正：物事を決めることに参加したいならお金を出せ、と人々に言うことはできない。

修正：私たちは、リーダーが死んだりいなくなったりしたときにどうするかをはっきりと決めた。

修正：これからは、前よりも若い人たちが、リーダーを決めることに参加できる。

修正：法律メーカーたちが、自分たちが受け取るお金の額を変えることにした場合、彼らの州の人々が、彼らをクビにして別の人を選ぶかどうかを決める機会を与えられたあとでなければ、法律メーカーたちは新しい金額を支はらわれない。

昔人々は、遠い国からほかの人々を連れてきて、彼らを一生タダ働きさせていた。この法律のこの部分には、「人間を数えるとき、このように無理やり働かされている人は人間1人ぶんとは数えない」と書かれていた。だがしばらくして、人々はほかの人々にこんなことをしていいのかどうかでもめて、戦争になった。これに「イエス」と言った側が負けたので、この部分の文章は消された。

この部分にも人間を売り買いすることについて書かれていたが、例の戦争のあと修正された。

この部分は、第2のリーダーが第1のリーダーになるかどうかについて実際には言っていないことにみなさんも気づかれたかもしれない。このおかげで、あとでもめた。

このシステムについては、いくら修正しても、うまくいくことはたぶんないだろう。

州が「法律会議」を使って修正をしようとしたことはなく、実際にやるとどうなるかはだれにもよくわかっていない。

私たちはここに並べるこの法律ができたそのときに行なった。こうした修正を加えないことに加わらないと言った人たちがいたからだ。

この部分の文章は、長年にわたり人々をもめさせている。これをますひどくしているのは、いろいろな州や法律メーカーたちに同意してもらうためにこれが書かれたとき、文章をどこで区切るかが人によってちがっていたことだ。

その後、州ができることとできないことについて、もう少しはっきりさせた。

こちらの修正は、その後の200年のあいだに加えられた。

この修正を行なったのは、新しいリーダーを選んだのに、古いリーダーも何カ月ものあいだその仕事を続けていたことが、変に感じられはじめたからだ。

……とはいえ、3、4回ちゃんとしようとしたのだが、まだ完全にははっきりとはしていない。

これはいくつかの州が同意したきり、長いこと忘れられていた修正だ。あとからこの修正に気づき、これを受け入れることに決めたような州もある。ここに決められている支はらいについてはそれほど問題にはなっていず、悪くない考え方に思える。だったら同意すればいいのに！

アメリカの「国の法律」という名前のボート

このボートは、「古い金属の横っぱら」と呼ばれることもある。昔、このボートの横っぱらに穴を開けようとした人が失敗したからだ。

このボートは、この本が書かれる200年以上前に、戦争のために作られた。古いけれど、今もアメリカの軍の一部だ。だから、だれかがこの国にボートで戦争をしかけてきて、国のリーダーが「私たちのボートを全部、その戦争に送れ」と言ったら、このボートも行かなければならないだろう。

もちろん、そんなことは実際には起こりそうもない。というのも、このボートはできてから200年以上過ぎているため、戦争ではあまり役に立たないだろうから。国がこのボートをまだ持っているのは、人々にこのボートを見に来てもらって、昔のことを考えるきっかけにしたり、古いボートがどんな仕組みで動くかを学んでもらうためだ。

注意：ボートについているものについては、特別な言葉がたくさんある。そもそもこのボートを「ボート」と呼んだりすると、ボートをよく知っている人が怒るかもしれない。

このボートが最初に作られたとき、下のようなメッセージが町じゅうにはりだされた。

自分の国を助けたいという人はいないだろうか？　私たちのリーダーが、玉飛ばしがたくさんついたこのボートを引き受け、海に乗りまわせるように、できるかぎりはやく準備しろと言っている。私たちは表通りの鳥のしるしの近くに場所を作ったが、1年間国を助けに来てくれる人が200人ほど必要だ。私たちは、毎月10ドル（あるいは君がいい働きをすればもっと）給料を出し、望むなら、2カ月ぶん先に出す。病気の人は参加できない。

このあたりの人々が私たちの国のために戦い、私たちにひどいことをする者にやり返すすばらしい機会だ。さっき言った場所に来てくれ。悪いようにはしない！
（ボートのリーダーのサイン）

あ、そうそう、軍からやってきた人が、戦う人と音楽ができる人をさがして、その場所にいるはずだ。ただし、背の高い人だけしかいらないそうだ。

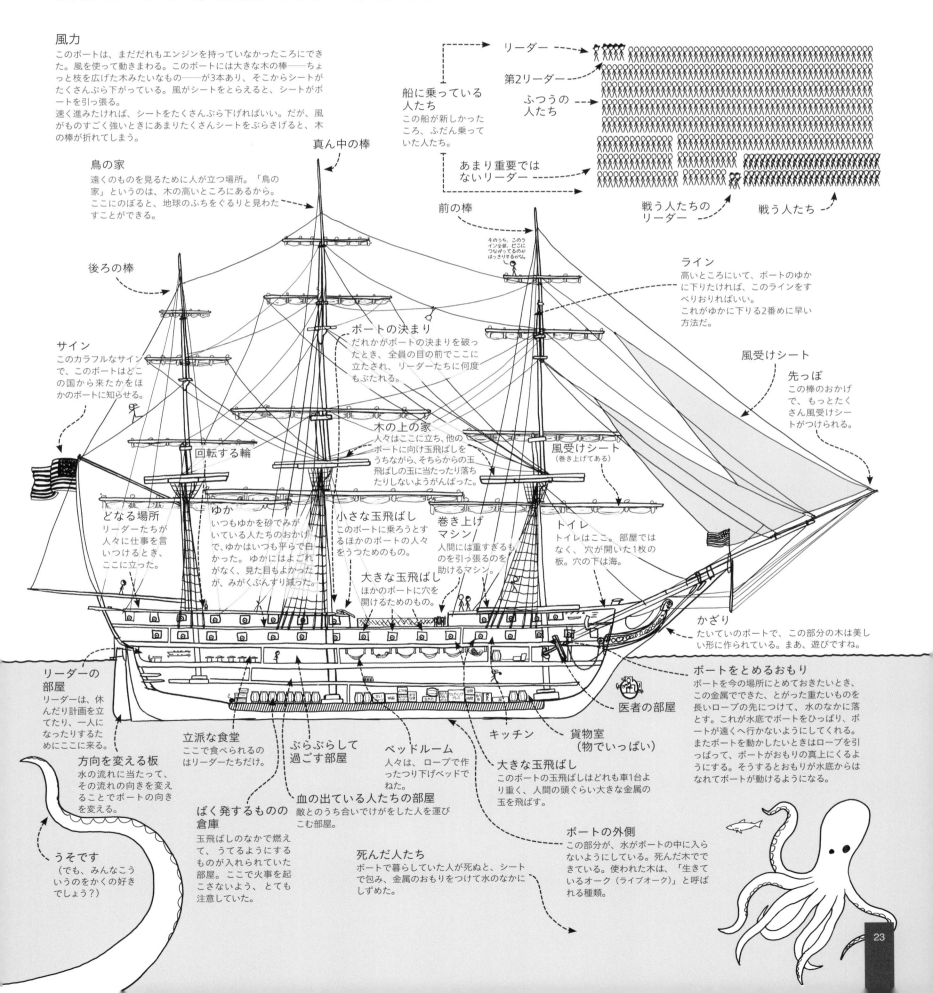

食べ物を温める電波箱

この箱は電波を使って食べ物を温める。水を作っている小さなつぶを電波がおして、つぶのスピードをあげる。何かのなかにある小さなつぶのスピードが上がると、それは温かくなる。水のなかに十分な量の電波を送ると、水は熱くなる。

食べ物を電波で温める箱は、君が取っておいた冷たくなった食べ物を温めてくれるし、こおった食べ物を買い、長いあいだ取っておいたあとで温めてとかすこともできる。この箱のおかげで、料理に時間をかけなくても食事ができ、ずっと楽になった。

電波箱を使って、生の食べ物（魚など）を温めて、別の種類の食べ物に変えることもできる。君のキッチンにあるほかの温める道具と同じだ。しかし、電波箱をこの目的で使うのは難しいので、気をつけて。特に、動物から作られた食べ物には注意が必要だ。

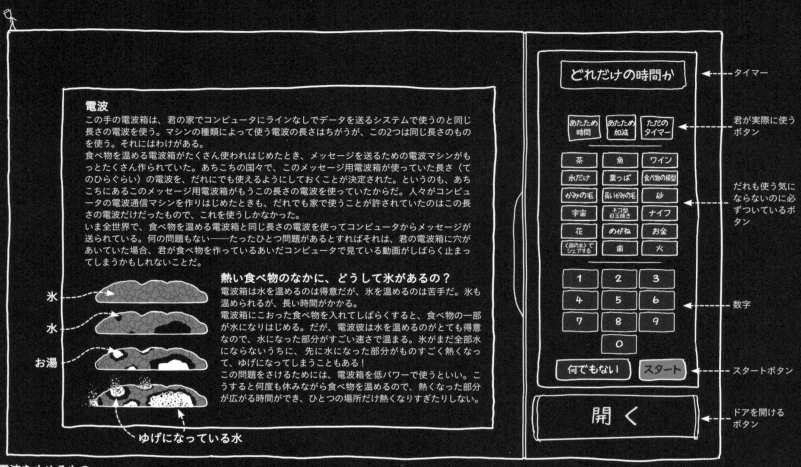

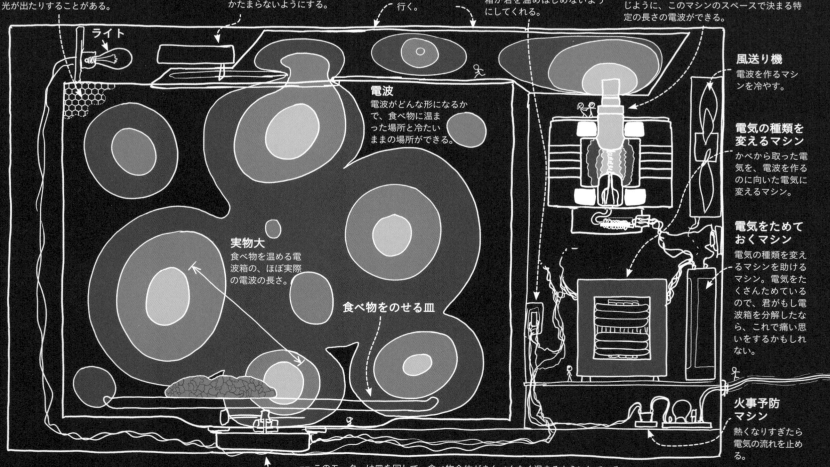

形が合うかをチェックするマシン

君が、ある特定の形の金属のかけらを持っているかどうかをチェックするマシンだ。持っていれば、マシンはそれまでしっかりつかんでいたものをはなす。人々は、箱、ドア、車にこの手のマシンを取りつけ、特定の人しかそうしたものを開けて使えないようにしようとする。

この手のマシンの面白いところは、マシンそのものではない。いろいろな方式で働くいろいろな種類があるが、あるひとつの点でどれも同じだ。このマシンは、人間を2つのグループに分けようとするのだ。

だれかが正しい形の金属のかけらを持っているかどうか確かめるこのマシンは、言ってみれば、だれかが自分で名乗っているとおりの人かどうか確かめるひとつの方法だ。それは、「何かをすることを許されるのはだれか」という判断が、金属によって形になったものである。

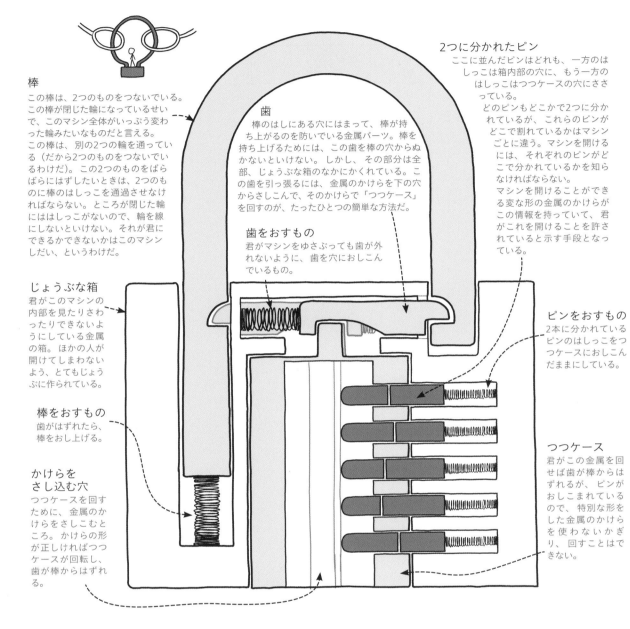

棒
この棒は、2つのものをつないでいる。この棒が閉じた輪になっているせいで、このマシン全体がいっぷう変わった輪みたいなものだと言える。この棒は、別の2つの輪を通っている（だから2つのものをつないでいるわけだ）。この2つのものをばらばらにしたいときは、2つのものにこの棒のはしっこを通過させなければならない。ところが閉じた輪にははしっこがないので、輪を線にしないといけない。それが君にできるかできないかはこのマシンしだい、というわけだ。

じょうぶな箱
君がこのマシンの内部を見たりさわったりできないようにしている金属の箱。ほかの人が開けてしまわないよう、とてもじょうぶに作られている。

棒をおすもの
歯がはずれたら、棒をおし上げる。

かけらをさし込む穴
つつケースを回すために、金属のかけらをさしこむところ。かけらの形が正しければつつケースが回転し、歯が棒からはずれる。

歯
棒のはしにある穴にはまって、棒が持ち上がるのを防いでいる金属パーツ。棒を持ち上げるためには、この歯を棒の穴からぬかないといけない。しかし、その部分は全部、じょうぶな箱のなかにかくれている。この歯を引っ張るには、金属のかけらを下の穴からさしこんで、そのかけらで「つつケース」を回すのが、たったひとつの簡単な方法だ。

歯をおすもの
君がマシンをゆさぶっても歯が外れないように、歯を穴におしこんでいるもの。

2つに分かれたピン
ここに並んだピンはどれも、一方のはしっこは箱内部の穴に、もう一方のはしっこはつつケースの穴にささっている。
どのピンもどこかで2つに分かれているが、これらのピンがどこで2つに分かれているかはマシンごとに違う。マシンを開けるには、それぞれのピンがどこで分かれているかを知らなければならない。
マシンを開けることができる変な形の金属のかけらがこの情報を持っていて、君がこれを開けることを許されていると示す手段となっている。

ピンをおすもの
2本に分かれているピンのはしっこをつつケースにおしこんだままにしている。

つつケース
君がこの金属を回せば歯が棒からはずれるが、ピンがおしこまれているので、特別な形をした金属のかけらを使わないかぎり、回すことはできない。

どういうふうに開くか

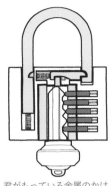

このマシンを開くためには、金属のかけらを穴からさしこむ。さしこまれたかけらの側面が、ピンをおし出す。かけらのでこぼこにしたがって、ピンがどれだけおし出されるかはピンごとにちがう。

君がもっている金属のかけらの形が正しければ、それぞれのピンはちょうどよくおし出され、それぞれのピンが2本に分かれている分かれ目が、ちょうどつつケースの側面で一直線に並ぶ。すると君はこのかけらを使ってつつケースを回すことができる。

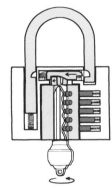

つつケースを回すと、歯が棒の穴から外れる。すると、棒を持ち上げ、2つの輪をばらばらにはずすことができる。

このマシンのいろいろ

ある人間が何か（金属のかけらや特別な情報）を持っているかどうかを確認し、持っているときだけ開けるマシンには、ほかにもいろいろな種類がある。

別のタイプの形チェックマシン
ちがう形の金属のかけらが必要なマシンもある。このタイプは切り口が円形のかけらを使っているが、どういう仕組みで働いているかは、上に書かれているのとほぼ同じだ。

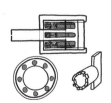

数字を合わせるマシン
形の代わりに数を合わせるタイプのマシンもある。正しい数を知っていれば、君はこのマシンを開けられる。
このタイプはたいてい、ひと組の回転する金属の丸い板を使っている。それぞれの丸板が正しい位置に並べばマシンが開くが、どう並べればいいかを知らなければできない。
このタイプのマシンの多くがかかえる問題がひとつある。注意深く音を聞きながら、そして手ごたえに気をつけながら丸板を回すと、すべての丸板がきっちり並んだとわかることがあるのだ。
それに、わからなくてもじっくり待つ気があれば、数字の組み合わせをすべて試せば開けられる。単純な数字合わせマシンなら、このやり方で2、3時間がんばれば、たいがい開けられる。

マシンをだます
ここで見せているようなマシンも、金属の正しいかけらを持っていなくても開けることができる。その方法をひとつ教えよう。
絵のような細長い金属棒を穴からさしこみ、ゆっくり回す。

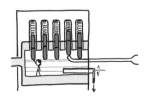

回しながら棒をもう1本さしこみ、その先でピンを1度に1本ずつおす。片手で1本のピンを持ち上げながら、もう片方の手でつつケースを回すと、ピンの割れ目がつつケースの側面の位置に来ることがある。つつケースを動かそうとがんばりつづけることで、ピンはこの位置から落ちてこない。すべてのピンをこのようにつつケースにおしつけることで、つつケースの回転を止めるものはなくなり、つつケースは回転し、歯が外れる。

場所によっては、この細い金属棒（このタイプのマシンならどれでも開けるもの）を持っているだけで、たとえ何も開けなくても、君がもめごとに巻きこまれてしまうこともある。
それはちょっとおかしい。というのも、マシンの部品を回すために金属棒を使うことそのものは少しも悪いことではないからだ。このタイプのマシンがどのように働いているかを知るために、細長い金属棒を使う人はめずらしくない。
だが、このタイプのマシンが面白いのと同じ理由で、こういう金属棒を持っている人のことを気にする人たちが出てくる可能性がある。その理由とは、このマシンは実はマシンではないということだ。このマシンは、それをつけた人が人々にどうしてほしいかを宣言する手段なのだ。だとすると、細長い金属棒もやはりメッセージなのだと受け取られる――「ほかの人がどうしてほしいかなんて知ったことじゃない」という。
というわけで、たとえ細長い金属棒の持ち主がそれを持っているのが面白い形をしたマシンについて知りたいからだけだとしても、人々がこうした金属棒を気にするのは理由のないことではない。

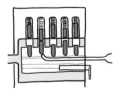

そしてもちろん、このタイプのマシンをどうしても開ける必要があるなら、もっと単純な方法がたくさんある。

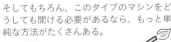

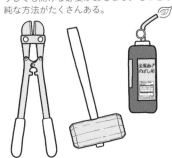

上下移動ルーム

上下移動ルームは、建物のなかで人間を上や下に運ぶ箱だ。

いま街は、上下移動ルームがなければ成り立たない。高いビルに上下移動ルームがなければ、みんな自分の階にずっといたいと思うだろう。というのも、上下に動くのは同じ長さを横に動くよりずっとたいへんだからだ。もしも上下移動ルームがなかったとすれば、高いビルどうしをつなげて、人々が自分の階から登ったり降りたりすることなく、よそのビルの同じ高さの場所に行くだけでたいていのことはすませられるようにしないといけないだろう。

ほとんどの上下移動ルームは、まっすぐ上下に動く。上下に動きながら横にも動くものも少し存在する。人間を高台に運ぶためのものだ。上下移動ルームに似ているが**横にしか**動かないタイプのものもあり、それは列車と呼ばれている。

上下移動ルームは安全だ。上下移動ルームが落ちる可能性はほとんどない。上下移動ルームを持ち上げるためのパーツがたくさんあり、それぞれのパーツが、万一何か問題が起こったときに部屋をとめて、落ちていかないようにするよう作られている。

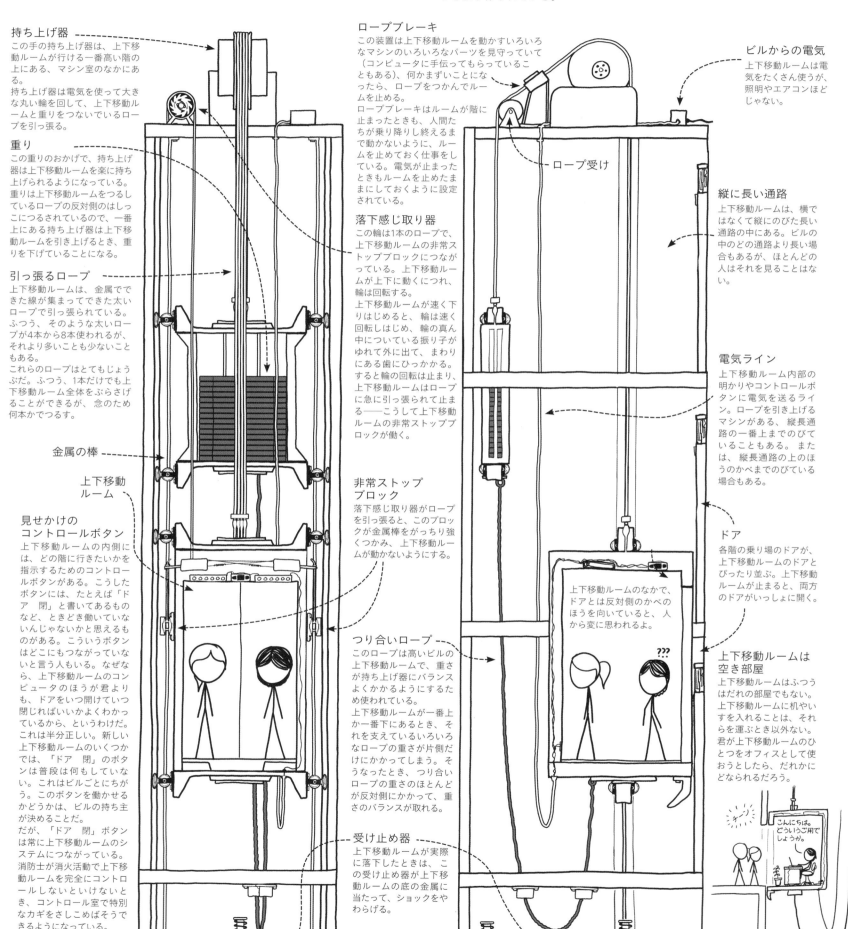

持ち上げ器
この手の持ち上げ器は、上下移動ルームが行ける一番高い階の上にある、マシン室のなかにある。
持ち上げ器は電気を使って大きな丸い輪を回して、上下移動ルームと重りをつないでいるロープを引っ張る。

重り
この重りのおかげで、持ち上げ器は上下移動ルームを楽に持ち上げられるようになっている。重りは上下移動ルームをつるしているロープの反対側のはしっこにつるされているので、一番上にある持ち上げ器は上下移動ルームを引き上げるとき、重りを下げていることになる。

引っ張るロープ
上下移動ルームは、金属でできた線が集まってできた太いロープで引っ張られている。ふつう、そのような太いロープが4本から8本使われるが、それより多いことも少ないこともある。
これらのロープはとてもじょうぶだ。ふつう、1本だけでも上下移動ルーム全体をぶらさげることができるが、念のため何本かでつるす。

金属の棒

上下移動ルーム

見せかけのコントロールボタン
上下移動ルームの内側には、どの階に行きたいかを指示するためのコントロールボタンがある。こうしたボタンには、たとえば「ドア 閉」と書いてあるものなど、ときどき働いていないんじゃないかと思えるものもある。こういうボタンはどこにもつながっていないと言う人もいる。なぜなら、上下移動ルームのコンピュータのほうが君よりも、ドアをいつ開けていつ閉じればいいかよくわかっているから、というわけだ。これは半分正しい。新しい上下移動ルームのいくつかでは、「ドア 閉」のボタンは普段は何もしていない。これはビルごとにちがう。このボタンを働かせるかどうかは、ビルの持ち主が決めることだ。
だが、「ドア 閉」ボタンは常に上下移動ルームのシステムにつながっている。消防士が消火活動で上下移動ルームを完全にコントロールしないといけないとき、コントロール室で特別なカギをさしこめそうになっている。

ロープブレーキ
この装置は上下移動ルームを動かすいろいろなマシンのいろいろなパーツを見守っていて（コンピュータに手伝ってもらっていることもある）、何かまずいことになったら、ロープをつかんでルームを止める。
ロープブレーキはルームが階に止まったときも、人間たちが乗り降りし終えるまで動かないように、ルームを止めておく仕事をしている。電気が止まったときもルームを止めたままにしておくように設定されている。

落下感じ取り器
この輪は1本のロープで、上下移動ルームの非常ストップブロックにつながっている。上下移動ルームが上下に動くにつれ、輪は回転する。
上下移動ルームが速く下りはじめると、輪は速く回転しはじめ、輪の真ん中についている振り子がゆれて外に出て、まわりにある歯にひっかかる。すると輪の回転は止まり、上下移動ルームはロープに急に引っ張られて止まる――こうして上下移動ルームの非常ストップブロックが働く。

非常ストップブロック
落下感じ取り器がロープを引っ張ると、このブロックが金属棒をがっちり強くつかみ、上下移動ルームが動かないようにする。

ロープ受け

つり合いロープ
このロープは高いビルの上下移動ルームで、重さが持ち上げ器にバランスよくかかるようにするため使われている。
上下移動ルームが一番上か一番下にあるとき、それを支えているいろいろなロープの重さが片側だけにかかってしまう。そうなったとき、つり合いロープの重さのほとんどが反対側にかかって、重さのバランスが取れる。

受け止め器
上下移動ルームが実際に落下したときは、この受け止め器が上下移動ルームの底の金属に当たって、ショックをやわらげる。

重りを受け止める受け止め器もある。

ビルからの電気
上下移動ルームは電気をたくさん使うが、照明やエアコンほどじゃない。

縦に長い通路
上下移動ルームは、横ではなくて縦にのびた長い通路の中にある。ビルの中のどの通路より長い場合もあるが、ほとんどの人はそれを見ることはない。

電気ライン
上下移動ルーム内部の明かりやコントロールボタンに電気を送るライン。ロープを引き上げるマシンがある、縦長通路の一番上までのびていることもある。また、縦長通路の上のほうのかべまでのびている場合もある。

ドア
各階の乗り場のドアが、上下移動ルームのドアとぴったり並ぶ。上下移動ルームが止まると、両方のドアがいっしょに開く。

上下移動ルームのなかで、ドアとは反対側のかべのほうを向いていると、人から変に思われるよ。

上下移動ルームは空き部屋
上下移動ルームはふつうはだれの部屋でもない。上下移動ルームに机やいすを入れることは、それらを運ぶとき以外ない。君が上下移動ルームのひとつをオフィスとして使おうとしたら、だれかにどなられるだろう。

海中ボート

海の中にしずんでいくボートは昔からいくらでもあったが、どうすればしずんだボートが海の上にもどってこられるかがわかったのは、300年ほど前のこと。最初、そういうボートは、ほかのボートを玉飛ばしでうったり、ほかのボートに穴を開けたり、ばくだんをしかけたりするのに使われた。

やがて、こういうボートの新しい使い方が見つかった。街を焼きはらうマシンをかくしておき、戦争になったらすぐ使えるようにしておくのだ。

世界を終わりにできるボート
ここで説明しているボートは、街を焼きはらうマシンを24個まで運べる。第二次世界大戦で使われた兵器が物をこわす力を全部足し合わせてみた人たちがいる――ばく発するマシン全部、使われた玉飛ばし全部、そして焼きはらわれた街全部の合計。このページのボートはどれも、1つでその数倍の物をこわす力を持っている。

海に関する特別なことば
すごく大きなボートをボートと呼ぶと、ボートにくわしい人たちからしかられることが多い。しかし、海中を進む船は、ほんとうに「ボート」と呼ばれている。

空気取り入れパイプ
ここから新しい空気を取り入れる。だが、この手のボートは水を水のもとになっているものに分解して、自分で空気を作ることもできる。これにはたくさんの電気が必要だが、このボートは重い金属から電気を作っているので十分な電気があり、やりたければ何でもできる。

重い金属から電気を作るマシン
こうしたボートは、重い金属から作る電気で動いている。重い金属から電気を作る建物と同じような仕組みだ。このため、こういうボートは長いあいだ隠れていても、電気がなくなってしまうことはない。
重い金属から電気を作るときはいつも、何かよくないことが起こるんじゃないかと気になってしまうものだ。このボートが何のために作られたのか考えると、それがちゃんと働くなら働くで、そのほうがもっと大きな心配の種になるけれど。

ねる部屋
ふつうの乗組員は、街を焼きはらうマシンのどちらかの側でねる。

鏡で外を見る装置
水中にかくれているとき、水面の近くまで行って、鏡がしこまれているこの棒を使い、水の外を見ることができる。

音でまわりを調べる装置
光は水の中で進むのが得意じゃないので、このボートは音で「見る」。ボートが音を出し、それが物にぶつかってはね返り、もどってくる。注意深く聞くことで、ボート内の人間は目で見ることなしに、まわりで何が起こっているかがわかる――暗いところでハエをつかまえる羽なし鳥のように。

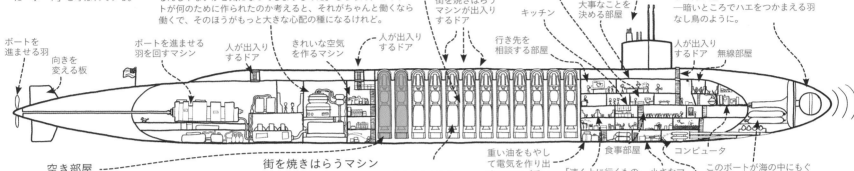

ボートを進ませる羽 / 向きを変える板 / ボートを進ませる羽を回すマシン / 人が出入りするドア / きれいな空気を作るマシン / 街を焼きはらうマシンが出入りするドア / 仕事部屋 / キッチン / 行き先を相談する部屋 / 大事なことを決める部屋 / 人が出入りするドア / 無線部屋 / 重い油をもやして電気を作り出すマシン（重い金属を使うマシンがこわれたときに使う） / 「速く上に行くもの」をあやつる部屋 / 食事部屋 / 小さなマシンをおし出す箱 / コンピュータ / このボートが海の中にもぐるよう、海の水をとりこむスペース

空き部屋
最近みんなで、街を焼きはらうマシンはこれほどたくさん世界に必要ないと決めた。アメリカは各ボートに積まれている24個のマシンのうち4つをおろすと約束した。そのため、残りは20個だ。

街を焼きはらうマシン
ここに並ぶ部屋のそれぞれに、街を焼きはらうマシンを積んだ「速く上に行くもの」が入っている。この海中ボートは水中にかくれているあいだに、空に向かってこれらのマシンを飛ばすことができる。もちろん、この海中ボートはどれでも、世界のどこへでも1時間以内にこのマシンを届かせることができる。

ほかのボートをやっつけるためのマシン
このボートは、こういう小さなマシンをほかの船に向かって水中で発射し、相手に穴をあけることができる。この小さなマシンもばく発するが、重い金属は使っていない。
昔このボートには玉飛ばしやこうしたマシンがもっとたくさん積まれていたが、ボートどうしで戦うことは今ではほとんどなくなっている。

ほかの種類の海中ボート
ほかにも海中ボートがあり、ここにのせた絵で、上で説明した世界を終わりにできるボートと大きさをくらべてほしい。

世界大戦のボート
これは第二次世界大戦である国が使ったもの。「海の下の（その国の言葉でuntersee（ウンターゼー））」の意味で「U（ユー）ボート」と呼ばれた。

初めて敵をやっつけるのに使われたボート
このボートは200年以上前、よそのボートに燃えるものをつきさしてこわすために使われた。

小型の「おそいかかる」ボート
このボートは大きいが、街を焼きはらうマシンを乗せているものよりは小さい。家、道、よそのボートなどをこわすマシンを積んでいるが、街全体を焼きはらうものは積んでいない。

使われたことがないボート
100年以上前に作られたが、ずっとかくしてあり、使われたことはない。
（それはそんなに変なことではない。現在の「世界を終わりにするボート」もかくしてあり、使われたことはない）

深い海を探るボート
2人の人がこれを使って、ものすごく深い海の底まで行った。

ボートをさがしたボート
ずっと昔、氷にぶつかって海底にしずんだ大きなボートを探すのに使われた。

映画作りの親玉の深い海を探る船
氷にぶつかってしずんだ大型ボートの映画を作った人が、それで得たお金でこのボートを買い、最も深い海に行った（このボートを使って映画を作ったわけではない。ただ海が好きなのだ）。

世界最大の動物

歯がある世界最大の動物

大型動物
この動物たちは、人間が作った大型戦争用ボートより小さいが、もっと深くもぐれるものもいる。

どこまでもぐれるか
海はとても深い。たいていのボートは、水の重さでかべがこわれるので、あまり深くは行けない。海の底まで行くには、ほとんどの場合、特別なボートが必要になる。

人間
空気入り金属容器の助けがあっても、人間はせいぜい100メートルぐらいしかもぐれない（少なくとも、水面までもどってきたい人はそうだ）。
空気入り金属容器なしにそこまでもぐってもどってくる人もたまにはあるが、そういう人は死んでしまう場合が多い。

戦争用ボート
戦争用ボートのほとんどは、自分の長さの3倍までしかもぐれない。このくらいならあまり深くなく、海中にかくれているボートの下の深さは、海面からボートまでの深さの10倍から100倍にもなる。
しかし、かくれるためだけならそれで十分なので、それ以上もぐる必要はない。

動物
空気を呼吸する歯のある大型動物たちは、海の深くまで行ける。足がたくさんある動物を食べるためにそこまで行く。
空気を呼吸する動物たちが海面にもどってきたとき、体に小さな傷や穴ができていることがある。だとすると、足がたくさんある動物もやり返しているのだろうが、それを直接見た人間はいない。

深い海底
そこまで行った人はまだ3人しかいない。深い海を探るボートに乗っていた2人と、あの映画作りの親玉だけだ。

食べ物入れをきれいにする箱

皿やコップにお湯をかけてきれいにするマシンだ。お湯のなかには、お湯を食べ物にくっつきやすくして引きはがす薬が混じっている。

箱のなかに食べ物入れをきちんと並べないと、完全にきれいにできないことがある。何度かそういう失敗をしたあと、この箱に食べ物入れを並べる正しい方法はこうだという、強い考えを持つようになる人もいる。このマシンについてちがう考えを持つ人たちがいっしょに住みはじめると、けんかになることもある。

食べ物が混じったお湯が中にたまらないように、コップは必ず口を下にして入れるなど、だれでもすぐにわかることもある。ほかにもいろいろあるが、それでけんかをするのはちょっと待った！　食べ物入れ洗い箱についてくる本があって、そこに食べ物入れの並べ方が書いてある（もしもこの本をなくしたとしても、コンピュータで調べれば、ふつうタダで読むことができる）。

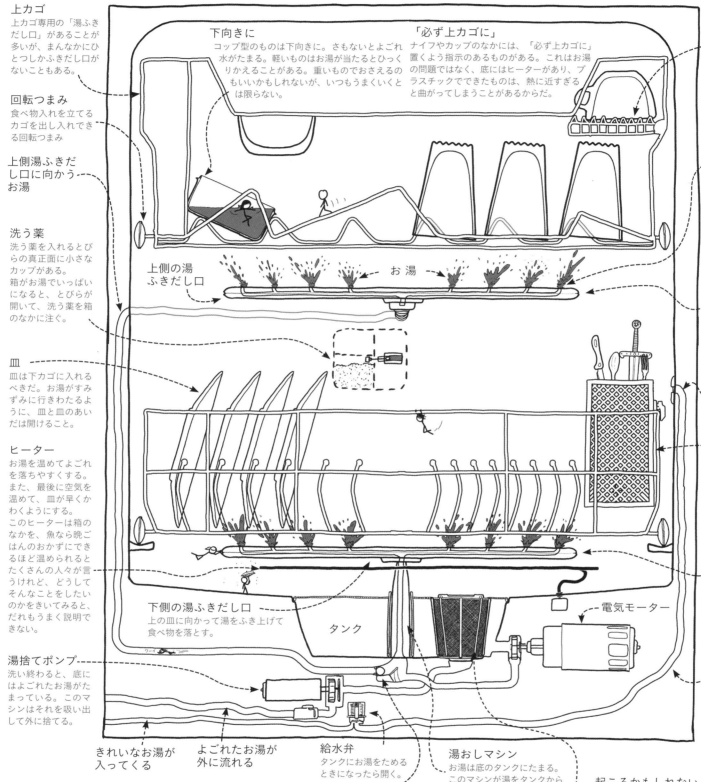

上カゴ
上カゴ専用の「湯ふきだし口」があることが多いが、まんなかにひとつしかふきだし口がないこともある。

回転つまみ
食べ物入れを立てるカゴを出し入れできる回転つまみ

上側湯ふきだし口に向かうお湯

洗う薬
洗う薬を入れるとびらの真正面に小さなカップがある。箱がお湯でいっぱいになると、とびらが開いて、洗う薬を箱のなかに注ぐ。

皿
皿は下カゴに入れるべきだ。お湯がすみずみに行きわたるように、皿と皿のあいだは開けること。

ヒーター
お湯を温めてよごれを落ちやすくする。また、最後に空気を温めて、皿が早くかわくようにする。このヒーターは箱のなかを、魚なら晩ごはんのおかずにできるほど温められるとたくさんの人々が言うけれど、どうしてそんなことをしていのかをきいてみると、だれもうまく説明できない。

湯捨てポンプ
洗い終わると、底にはよごれたお湯がたまっている。このマシンはそれを吸い出して外に捨てる。

下向きに
コップ型のものは下向きに。さもないとよごれ水がたまる。軽いものはお湯が当たるとひっくりかえることがある。重いものでおさえるのもいいかもしれないが、いつもうまくいくとは限らない。

「必ず上カゴに」
ナイフやカップのなかには、「必ず上カゴに」置くよう指示のあるものがある。これはお湯の問題ではなく、底にはヒーターがあり、プラスチックでできたものは、熱に近すぎると曲ってしまうことがあるからだ。

上側の湯ふきだし口

お湯

下側の湯ふきだし口
上の皿に向かって湯をふき上げて食べ物を落とす。

タンク

電気モーター

きれいなお湯が入ってくる

よごれたお湯が外に流れる

給水弁
タンクにお湯をためるときになったら開く。

湯おしマシン
お湯は底のタンクにたまる。このマシンが湯をタンクから吸い上げて、ふきだし口まで送る。

ごみフィルター
食べ物のかすが湯おしマシンに入らないようにつかまえる。でないと、かすが全体に回ってくっついてしまう。フィルターの底には、ごみを湯捨てポンプに送るための穴が開いている。食べ物入れ洗い箱が働かなくなったら、このフィルターをそうじしないといけないかもしれない。

小さいコップ用ホルダー
小さいコップ、ナイフ、そのほか何でもここに置けるもの用の置き場所。
ひっくりかえりやすいものは、ここの下に置くといい。

回転する
ふきだし口の穴は少しかたむいているので、お湯がそちら向きに出ると、ふきだし口全体は反対向きに回転する。ふきだし口が回転するのはこういうわけ。

これに物がぶつからないように
ナイフ用ホルダーに長いナイフを入れると、上ふきだし口がそれにぶつかって回転できなくなる。上ふきだし口が回転できないと、箱の中の食べ物入れ全体にお湯がまわらなくなってしまう。

お湯が入ってくるところ
きれいなお湯がここから入ってくる。

ナイフ用ホルダー
ナイフなどとがったものを入れる。とがったナイフは、常に下向きに置くように。君がつまずいてナイフの上にたおれたとき、けがをしないためだ。

これにも物がぶつからないように
もしもナイフ用ホルダーを使わずにナイフをそのまま入れたら、ナイフは下に落ちて下ふきだし口が回転しなくなる。

湯送りパイプ
家の湯わかしシステムからのお湯を運んで、洗いはじめるときに箱のなかに注ぐ。

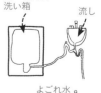

起こるかもしれない問題
よごれたお湯をはこぶパイプは、ほかのいろいろなよごれ水パイプと合流してから家の外へ流れ出る。パイプはテーブルの下の目立たないところで、なるべく高いところを通すようにすること。もしもほかの水をためる場所の下にある穴にまっすぐつながっていると、何かの理由でそちらの水が満タンになったとき、よごれ水が食べ物入れ洗い箱に逆流してしまう。

湯ふきだし口切りかえボール
上と下、どちらのふきだし口にお湯を送るかを決める。

最初、ボールは小さなすべり台のような部分のいちばん下に止まっていて、上ふきだし口へのパイプをふさいでいる。湯おしマシンが働くと、お湯は下ふきだし口に行く。

ボールはお湯を**完全に**ふさいではいないので、お湯が少しずつボールをこえて、上ふきだし口へのパイプにたまりはじめる。

ボールをうしろからおしていたお湯が下がり、ボールはほんの少しだけ止まる。ボールをうしろからおしていたお湯が下がり、ボールは小さなすべり台のようなものに沿っておしあげられる。

ボールがすべり台のいちばん上にきたとき、湯おしマシンがまた働きはじめる。お湯がボールの下を通って下ふきだし口に流れるあいだ、湯の力でボールはおしあげられて穴をふさぐかたちになる。

仕事を終えた湯おしマシンはほんのしばらく止まり、ボールは最初あった、すべり台の下にもどる。

この仕組みは食べ物入れ洗い箱ごとにちがうけど、ぼくはこのタイプが好きだ。ぼくには絶対思いつけないようなイケてるアイデアだからね。

みんながのっかっている大きな平たい岩

地球の表面は、大きくて平たい、動きまわる岩でできている。ふつう、陸の下の岩は分厚く、動きもゆっくりで、長いあいだ存在しつづける。海の下の岩はうすくて重く、動きが速い（岩としては速いということ。君の指先のつめがのびるのと同じぐらいの速さ）。海の下の岩が陸の下の岩にぶつかると、ふつうは海の岩が陸の岩の下におしこまれ、地球のなかへとおされる。こういうことが起こっている場所は、陸のすぐそばに深い海があったり、陸には山脈があったりすることが多い。また、地面が激しくゆれたり、大きな波におそわれたりすることもめずらしくない。

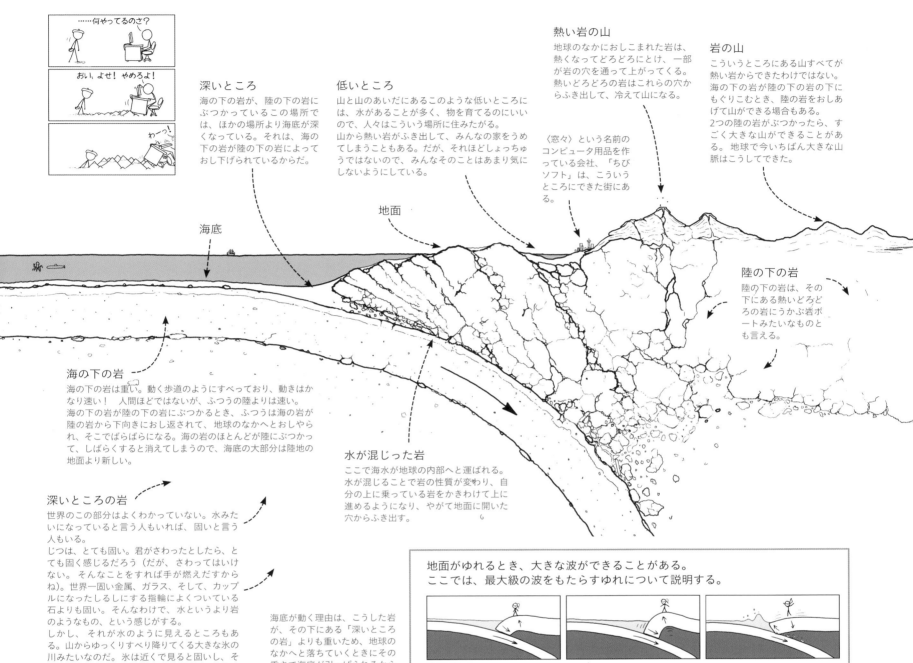

深いところ
海の下の岩が、陸の下の岩にぶつかっているこの場所では、ほかの場所より海底が深くなっている。それは、海の下の岩が陸の下の岩によっておし下げられているからだ。

低いところ
山と山のあいだにあるこのような低いところには、水があることが多く、物を育てるのにいいので、人々はこういう場所に住みたがる。
山から熱い岩がふき出して、みんなの家をうめてしまうこともある。だが、それほどしょっちゅうではないので、みんなそのことはあまり気にしないようにしている。

熱い岩の山
地球のなかにおしこまれた岩は、熱くなってどろどろにとけ、一部が岩の穴を通って上がってくる。熱いどろどろの岩はこれらの穴からふき出して、冷えて山になる。
〈窓々〉という名前のコンピュータ用品を作っている会社、「ちびソフト」は、こういうところにできた街にある。

岩の山
こういうところにある山すべてが熱い岩からできたわけではない。海の下の岩が陸の下の岩の下にもぐりこむとき、陸の岩をおしあげて山ができる場合もある。
2つの陸の岩がぶつかったら、すごく大きな山ができることがある。地球で今いちばん大きな山脈はこうしてできた。

海底

地面

陸の下の岩
陸の下の岩は、その下にある熱いどろどろの岩にうかぶ岩ボートみたいなものとも言える。

海の下の岩
海の下の岩は重い。動く歩道のようにすべっており、動きはかなり速い！ 人間ほどではないが、ふつうの陸よりは速い。
海の下の岩が陸の下の岩にぶつかるとき、ふつうは海の岩が陸の岩から下向きにおし返されて、地球のなかへとおしやられ、そこでばらばらになる。海の岩のほとんどが陸にぶつかって、しばらくすると消えてしまうので、海底の大部分は陸地の地面より新しい。

水が混じった岩
ここで海水が地球の内部へと運ばれる。水が混じることで岩の性質が変わり、自分の上に乗っている岩をかきわけて上に進めるようになり、やがて地面に開いた穴からふき出す。

深いところの岩
世界のこの部分はよくわかっていない。水みたいになっていると言う人もいれば、固いと言う人もいる。
じつは、とても固い。君がさわったとしたら、とても固く感じるだろう（だが、さわってはいけない。そんなことをすれば手が燃えだすからね）。世界一固い金属、ガラス、そして、カップルになったしるしにする指輪によくついている石よりも固い。そんなわけで、水というより岩のようなもの、という感じがする。
しかし、それが水のように見えるところもある。山からゆっくりすべり降りてくる大きな氷の川みたいなのだ。氷は近くで見ると固いし、その上を歩くこともできる。だが、遠くからながめながら、とても長いあいだ待つと、氷が水のように動くのがわかるだろう。

海底が動く理由は、こうした岩が、その下にある「深いところの岩」よりも重いため、地球のなかへと落ちていくときにその重さで海底が引っぱられるからだ。
陸の岩も、ほとんどいつでも地表にとどまり、地球のなかへと落ちることはないものの、やはり動く。何がこの岩を動かしているかは、まだよくわかっていない。

深いところの岩

もっと深いところの岩

これらのものすべてが、いま君の足の下にあるのだと考えると、変な感じだ。

地面がゆれるとき、大きな波ができることがある。
ここでは、最大級の波をもたらすゆれについて説明する。

私の国の海沿いに、ある地域がある（むかし、この地域にたどりつくのがゴールの、子ども向けのゲームがあった。川をいくつもわたり、食べるために動物をつかまえ、また家族のだれかが死ぬというものだった。昔のことを教えるためのゲームだったようだが、私は動物をつかまえるところばかりやっていたので、たいして何も学ばなかった）。
陸と海のさかいに、とても不思議なものがある。海の中に死んだ木が何本も立っているのだ。変なのは、これらの木がたおれなくて、海底から上に向かってのびていることだ。まるでそこで育ったかのように。この木は海水では育たない種類なので、そんなことはありえない。海面は上がったり下がったりするが、この木が死んだのはほんの300年前で、そのあいだにたしかに海面は上がったけれど、この木がここで育ったと説明できるほど上がったわけじゃない。
じつは、海面が上がったのではなく、陸が下がったというのがこの疑問の答だ。
300年前、海の反対側で、大きな波が現れた。それを見た人たちが記録していたのだ。その記録には、波が来る前、地面がゆれるのは感じなかったとも書かれている。
その人たちが地面のゆれを感じなかったのは、ゆれがその近くで起こったのではなく、海の反対側という遠くはなれたところ——子ども向けゲームのゴールだった場所——で起こったからだ。そして、陸がゆれた海沿いの地域では陸が少ししずみ、そのぶん海が寄せてきて、木がしずんだというわけ。

岩はしずんだあとどうなるの？
地球のなかに落ちた岩は、熱のため、すぐにばらばらになってしまうと考えられていた。しばらく形を保っていたとしても、ずっとくれたままなのだから、まったく意味がない、地球の歴史をつくってきた、そういうパーツはなくなってしまうのだと。
ところが、岩はまるっきり消えてしまうわけではないことがわかってきた。世界がゆれるとき、音が世界のあちこちに伝わっていく様子を聞くことができる。注意深く聞いてみると、音が地球の内部にある物にぶつかる様子がわかり、そこではどんなふうになっているのか、知ることができる。
地球に耳をかたむけることで、しずんだ岩のすべてがすぐにとけてしまうわけではないことがわかった。地球の底へとどんどんしずんで、人間の目がとどかないところに行ってしまったあとも、岩を追いつづけることができるのだ。それってすごいことだと思うよ。

雲の地図

大気は毎日変化する。毎日、雲は動きまわり、雨は降ったりやんだりし、風は変わる。そして世界中の人々が毎日、大気が何をやっているのか、次に雨が降るのはどこか、知ろうと努力している。

空の地図を作るために私たちは、上から雲を見守る宇宙ボートと、横から雲を見る電波を使い、また世界中で人々に下から雲を見てもらっている。

気圧の高いところと低いところ

図の中に引かれた線は、地図のいろいろな場所を大気が上からどれくらい強くおしているかを示している——なんていうと、変な感じがするが、雨や風を理解するには大事なことだ。

この地図は、山の形を示す地図とよく似ている。線は大気が同じ強さでおしている場所をつないでいて、円が何重にもなっているところの中心では、大気が特に重いか軽いかのどちらかになっている。そういう場所は、「高」と「低」（空気が重いか軽いかを、空気が地面をおす「気圧」という力のレベルが高いか低いかで表す）のマークがついていて、どっちがどっちかわかるようになっている。

気圧の低いところ（雨降らし）

大気が軽いところでは気圧が低い。大気はそのような場所に向かって地面を移動し——プールの底にあいた穴に向かって流れる水のように——、どんどん速くなって、回りはじめる。

大気はふつう、この「軽い」ところで上にあがり、その結果雨を降らす。大気が上にあがるにつれて大気中の水が冷えて、小さな水つぶになる。冷たい飲みものが入ったコップの外側に水のつぶができるのと同じだ。

冷たい空気

こちらのエリアは寒い晴れの天気になる。

このエリアは大雨になる（もしも十分寒ければ雪になる）。

このエリアは、冷たい強風と大雨になる。

このエリアではちょっとした雨風あり。

ひんやりした大気

ひんやりした大気

このエリアはひんやりする。

気圧の高いところ（晴れの場所）

大気が重い（つまり気圧が高い）エリアのなかでは、大気が強く下向きにおしているので、しめった空気が上にあがれず、雲や雨はできない。このようなエリアでは、空が晴れて風はあまりないことが多い。

この地図で色のこい場所は、これから雨が降るところだ。

このエリアは、しばらくのあいだ晴れて暖かい。

暖かい大気

大きなうず巻き型のあらし

こういうあらしは太陽で温められた海面から海水が蒸発するときに、海水が空に運ぶ熱によって気圧の低いエリアがパワーを強めてできる。うずのなかでも中心近くでは風がとても強いが、中心そのものは風が弱く、空が晴れていることもある。この晴れたエリアを、あらしの「目」と呼ぶ。

このようなあらしが海からやってくるとき、海もいっしょに運ばれてくる。あらしの風が水を前におすのだ。海が陸の上までやってきて、町をいくつもおおってしまうこともある。雨もどっと降るので、川があふれて、人間、車、家などをおし流すこともある。

コンピュータのおかげで、うず巻き型のあらしがどこに行くかという予測がどんどん正確になっていて、人々ににげなさいと言えるようになってきている。

このエリアでは空がピカッと光り、家をふきとばすほどの強風がふくかもしれない。

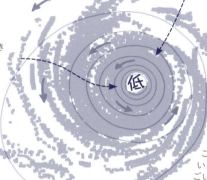

このあたりになると、それ以上のぼっても空気が冷えないので、暖かい空気は上に行くのをやめる。

この雲が上にとびだしているのは、暖かい空気がすごいスピードであがっているので、ふつうなら止まるはずのところをこえてしまうからだ。あらしがとても強いということだ。

冷たい空気がやってくる

この線は、冷たい空気が入ってくる様子を示す。風が出て、それから空がピカッと光り、雲から音が出て、ものすごい大雨になるかもしれない。だが、長くは続かない。

暖かい空気がやってくる

この線は、「暖かい空気があるエリアに入ってくる」という意味。このようになると、暖かい空気の行き先に雲ができる。暖かい空気がやってくる何か前に雲ができることもある。暖かい空気が入ってくるにつれ、雨も降りやすくなる。

ものすごく大きな夏のあらし

ときどき暑い日に、太陽で温められた空気がすごいスピードで上にあがり、その後冷えるときに大量の雨を降らすことがある。こういうあらしで、家をふきとばすような、縦長うず巻き型の風が起こることもある。

電波地図に出てくる模様はどういう意味なのか

天気を調べる人たちは、電波を雲に向けて送り出す。雲の中に大きな雨のつぶがあれば、電波がそれにはねかえされてもどってくる。こうして電波をあちこちに向けて送ることで、こういう人たちは、まわりの雲の中にかくれている雨や雪をみつけて地図を作れる。

こうした地図によく出てくる「模様」がどういう意味なのかを説明しよう。

雨
こういう大きなかたまりは、雨を意味する。たぶん、しばらく続く。大雨か小雨かはときによる。

音のするあらし
こういうかたまりは、ピカッと光る空、音、そして強風を起こすあらしが近づいているかもしれないという意味。

風が強いあらし
こういうかたまりは、ピカッと光る空と音のあらしが近づいていて、雲の前にふつうより強い風がふくかもしれないという意味。

うず巻き型の風
指を曲げたようなこの形は、うず巻き型の風が地面におりてきて、木や家をふきとばしているかもしれないことを意味する。
電波がえがいた形が、あらしが何か拾ってきたように見えることがある。この絵では、曲げた指のなかに小さなボールが入っているように見える。

羽なし鳥
この円形のものは雨ではない——太陽がしずんでから、虫を食べるために大きな穴から一度にとびだした何百ぴきもの羽なし鳥だ。
ほかの鳥や虫などが、この地図に現れることもある。

木
見たところ雨も降っていないのに、木や家の上ではねかえった電波の雑音が細い線になって現れることがある。

地面
電波が雲ではねかえったあと、小さな水たまりでまたはねかえって、もどってくるときにこういう形になる。あちこちではねかえってもどるので時間がかかり、まるで遠くで雨が降っているかのような図になる。

  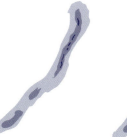    

木

葉
木は葉を使って、太陽の光からパワーを作る。葉のなかの緑色のつぶが光（と、私たちがはき出すのと同じ種類のガス）を取りこみ、それをパワー（と、私たちが吸いこむのと同じ種類のガス）に変える。

ジャンプして木から木へ移動する灰色の動物
この小さな動物は高い枝のあいだに作った、枝や葉でできた大きな丸い家でねる。

のびる
木は枝の先を長くすることだけで高くのびていく。枝が木の本体とつながっているところが高くのびていくことはない。

とげとげネコ
この動物はゆっくりと動き、木にのぼって草や小枝を食べる。体はとがった針でおおわれていて、さわるとささるかもしれない。そんなわけで、たいていの動物はこの動物をかまったりしない。

鳥の穴
穴を開ける鳥もいるが、ほかの鳥が作った穴を使う鳥が多い。

高い木、広がった木
同じ種類の木が高く成長したり、広がって成長したりする。ふつうはどの木も、ほかの木よりも高くなって太陽の光を受けたいので、高くなる。木が1本だけ野原で成長している場合は、より多くの光を受けたいので、枝は横にのびる。

夜静かにえものを取る鳥
この鳥は、暗いときに地面にいる動物をつかまえられるようにとても静かに飛び、また大きな目を持っている。人間はこの鳥は物知りだと思っているが、それはきっと、この鳥が静かで目が大きいからそんな気がするだけだろう。

木を食べる花
この花は木に穴をあけ、中の栄養や水を横取りする。この花が育つと、花が生えている枝が死んだり、木全体が死んでしまうことがある。
パーティーのときこの下に立っていると、ほかの人たちからキスしてほしいと言われる。

ジャンプするやかましい動物
この2種類の動物は大きな音をたてるのと、ジャンプすることで有名だ。2種類の一方には骨がある。

飲むための穴
頭で木をたたく鳥が木の水を飲むために開けた。

森になっていく野原
森を切り開いて野原を作るとき、木を数本残しておくことがある。太陽の光をさえぎってすずむためだったり、見た目が美しいから残したくなるからだが、その数本がもとになって、新しい木の群れができる。また森ができると、新しい木は競争しながら育つので、高く細くなるだろう。
高くて細い木でできた森に1本だけ、たくさんの枝が低いところに広がった木があるなら、君が今いるその森は、100年前はだれかが切り開いた野原だったかもしれない。

あらしやけど
あらしのとき、ピカッと強く光るものが木に落ちると、木が1本線を引いたように焼けることがある。

かぶれる草
この草には、さわるとはだが赤くなるものがついている。ものすごくかゆくなり、とがったものでこすりたくなるが、よけいひどくなるだけだ。
この草は長いひものようになって、地面に沿ってのびたり、木をのぼってのびたりする。地面から空に向かって、ふつうの木のようにのびることもある。ほかの植物でもときどきあるように、葉は3枚ひと組で生える。

折れた枝の穴
枝が折れるなどして木が傷ついたとき、傷の場所は人間のはだが傷ついたときのように、治ってもほかの場所とはちがう様子になる。木のこういう傷あとから生き物がなかに入って、穴を大きくすることもある。

頭で木をたたく鳥
この種類の鳥は頭で木をたたき、とがったくちばしで木に穴をあける。食べ物をさがすためだが、住むために穴をあける鳥もいる。

鳥の家

古い金属
人間が木にしるしをつけるために金属を使うと、木が金属のまわりで成長して、金属を飲みこんでしまうことがある。何年もあとになってその木を切りたおさなければならなくなったとき、のこぎりが金属にぶつかって、小さなとがった破片があちこちに飛ぶかもしれない。

木の皮
木は外側の皮のすぐ内側が育ち、栄養もここで上下に運ばれる。だから、木の皮をぐるりと一周完全にはがすと、木は死んでしまう。
木は新しい層を作っていくことで成長し、1年のうち、ちがう季節にはちがうかたちで成長する。木を切ると、古い層を見ることができ、それらの層がいくつあるか数えると木が何才かわかる。

生き物が作った小さな山
飛べないハエが、自分たちの家を作るときに地中からほり出した土。

入口

土の中の枝
木は空中にのばす枝と同じようなものを、土の中にのばす。空中の枝は太陽の光を受けるが、地中の枝は土から水と栄養をもらう。地中の枝は遠くまで広がる——空中の枝よりも遠くまで広がることが多い——が、下のほうへはあまりのびない。

火事でできた穴
この穴は、ずっと昔にできた。地面の葉や枝が燃えて、風で火が木のこちら側に吹きつけられた。焼けた部分は、ほかの部分とはちがうしかたで成長し、大きな穴になることも多い。

木の栄養を横取りするもの
自分では土のなかの枝を作らず、ほかの木が土のなかに生やした枝に生えて、そこから栄養を横取りする生き物。この小さな生き物には緑の葉がなく、光から自分で栄養を作ることができないものが多い。

小さな犬

穴を作る小さな動物

耳が長くてジャンプする動物

長い穴を作る動物

穴を作る大きな動物

飛べないハエ
この小さな生き物は大きなグループになって生活し、穴を作る。ほとんどのものは、子どもを作らない。それぞれの家族に母親が1ぴきいて、これが家族全体の子どもを生む。ふつうは飛ばず、家に来るハエとはだいぶちがう。おしりに君を傷つける針があるハエと近い種類だ。

手足がない長くてかむ動物（ねている）
これらの細長くて血が冷たい動物は、ふつうは大勢で外に出たりしない。共食いをすることさえあるくらいだ。
だが冬のあいだはちがう種類の細長い動物がたくさん集まり、暖かい地中の大きな穴のなかでかたまりになってねむる。

土の中に生える枝で暮らす生き物たち
たいていの草木は、土の中に生やした枝にほかの生き物が暮らしている。この生き物のおかげで、草木はまわりにあるほかの草木と話すことができるし、食べ物を分かちあったり、相手をやっつけようとすることもできる。
何かが1本の木を食べようとすると、その木は土の中に生やした枝にいる生き物をとおしてほかの木にそのことを教え、ほかの木はみんな毒やいろいろなものを作り、できるだけ食べられないようにする。

街を焼きはらうマシン

歴史のなかで最大の戦争の最後、つまりこの本が書かれる70年ほど前、何人かの人が、重い金属の小さなかたまりを太陽と同じぐらい熱くする方法をつきとめた。彼らは1つの街全体を焼きはらい、人々を病気にする、ほこりの雲をふき上げられるだけの光と火を出しながらばく発するほど、金属を熱くすることに成功した。その戦争ではこのマシンが2個使われ、それぞれが街をひとつ焼き、大勢の人々が殺された。

その戦争のあと、もっと大きく、もっと熱くなるマシンで火を作る方法がわかった。そして世界のどの場所にも数分のうちにこれらのマシンを送ることができる、「速く上に行くもの」もできた。このマシンが作られるのをとめる方法はなかったので、多くの国が作り、地下にかくし、だれかがせめてきたら必ず仕返しできるようにした。

今にも次の戦争が始まるのではないかと、だれもが心配した。何年もそんな状態が続き、敵がせめてきて、世界を終わらせる戦争が始まるのをみんなが待ち構えていた。

いま私たちはそれほど心配しておらず、ほとんどの人が、戦争が起こるとは思っていない。しかし、私たちはまだこのマシンを持っている。

最初の暴走する火
すべてのものは、小さなつぶでできている。第二次世界大戦が始まるころ、いくつかの特別な重い金属のつぶが、半分に割れることがわかった。また、割れるときにほんの少し熱が出て、さらに小さなかけらがいくつか、すごいスピードで飛び出すこともわかった。

すべてのものを作っているつぶ

雲の部分
重い中心部

重い中心部のまわりを飛びまわっている小さなものの雲は、暴走する火にとってはどうでもいいもので、無視してかまわない。

暴走する火

金属を作っているつぶのひとつで、重い中心部が半分に割れると、熱と、いくつかのつぶが飛び出す。これらのつぶが別のつぶの中心部にぶつかると同じことが起こり、熱とつぶがもっと飛び出す。やがて、金属全体が暴走する火になる。

十分な量の金属
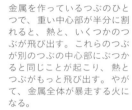
金属のかたまりが小さすぎると、割れた中心部から出た小さなつぶが、別の中心部に全然当たらずに金属を飛びぬけてしまうおそれがある。暴走する火がおこるには、飛んでいるつぶが通りぬけてしまわず、確実に別の中心部に当たるくらいの、十分な量の金属が必要だ。

どれだけあれば「十分」なのか？
（まねしないでください）

暴走する火がおこるのに必要な金属の大きさは、金属の種類と形によって違うが、人間がひとりで持ち上げられるほど小さいものでいい場合もある。

金属が十分大きくなくても、せまい場所におしこめれば、ばく発させることができる。というのも、中心部どうしが近づけば、火が飛びぬけられるすきまが小さくなるからだ。

焼きはらうマシン
マシンができたばかりのころ、ふき飛ぶ部分は1つだったが、数年後、2つの部分がくっついた形にすればもっと大きな火が出ることがわかった。
上の部分ではふつうの火を使って、特別な金属に暴走する火をおこす。次にその特別な火を使って下の部分が、軽いガスまたは金属のなかにいっそう大きな暴走する火をおこす。この2つめの火は、太陽のエネルギーを出している火と同じ種類のものだ。
軽い金属の暴走する火は、重い金属のものよりずっと大きなパワーを出せるが、これをスタートさせるためにはものすごい熱と力が必要なので、重い金属の中の暴走する火に助けてもらわないといけない。

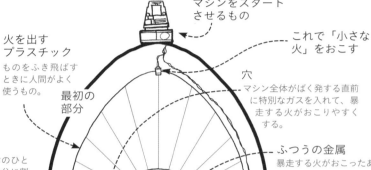

- マシンをスタートさせるもの
- 火を出すプラスチック — ものをふき飛ばすときに人間がよく使うもの。
- 最初の部分
- これで「小さな火」をおこす
- 穴 — マシン全体がばく発する直前に特別なガスを入れて、暴走する火がおこりやすくする。
- ふつうの金属 — 暴走する火がおこったあと、特別な重い金属をぎゅっとちぢこまらせる仕事をする。
- 重い金属 — 最初の暴走する火がおこる場所。
- あいだにつめてあるもの — これが何でできているのかはわからない。マシンを作る業者たちが秘密にしているのだ。光がかべのなかいっぱいになると、このつめものは大きくなり、2つめの部分をおして、ぎゅっとちぢこまらせる。
- 2つめの部分
- かべ — 最初の部分から出る光を閉じこめて、2つめの部分が確実にちぢこまるようにする。
- もっと重い金属
- 軽い金属またはガス — これも暴走する火を出して燃えるが、そのためにはまずものすごく強く、ぎゅっとちぢこまらなければならない。

2つめの暴走する火
最初の暴走する火が2つめの暴走する火をおこすのは、こんなぐあいだ。

まずメッセージが伝わって、小さな火がいくつもおこる。

小さな火が火を出すプラスチックに働いて、火を出すプラスチックがばく発しはじめる。

ばく発するプラスチックにおされて、重い金属のかたまりがぎゅっとちぢこまる。

重い金属が十分ちぢこまると、暴走する火がおこる。

重い金属は燃えながら、明るい光を出す——これより明るいものといったら、星が死ぬときに出す光くらいだ。

この光で、あいだにつめてあるものが熱くなり、2つめの部分が激しくぎゅっとちぢこまる。

これによって、軽い金属のなかで暴走する火がおこる。

この火のおかげで先におこっていた火もいっそう激しくなり、全体がばく発する。

最初の暴走する火が始まったあとはすべてが、光が100メートルくらいしか進まないほどの短い時間で起こる。

このようなステップをどんどん加えていくことで、火は好きなだけ大きくできることがわかり、私たちは最初、どんどん大きなマシンを作っていった。

だがその後、マシンを大きくすることはやめて、ぎゃくに小さくしはじめた。もっと大きな街を燃やしたいと思わなかったからやめたわけじゃない。大きなマシン1個より、小さなマシンをたくさん使ったほうが、街を燃やしやすいことがわかったからだ。まもなく、好きなだけ街を焼くのに十分な数の小さなマシンができた。

大きくするのをやめたもうひとつの理由は、すでに作ったものが、すべてを焼きはらうのに十分大きいことがわかったからだ。それ以上大きな燃やせるものはもうなかった。

どうやって送るか

最初の街を焼きはらう戦争マシンは、空ボートから落とされた。その後、空ボートではなく、「もっと速く上に行くもの」に積めるようになった。街を焼きはらうマシンを運ぶ、この「もっと速く上に行くもの」は、人間を宇宙に運ぶ「上に行くもの」ととてもよく似た働きをする。

人間を宇宙に運ぶ「上に行くもの」のなかには、頭のてっぺんに街を焼きはらうマシンが積まれていないだけで、じつは戦争マシン用の「もっと速く上に行くもの」であるものもある。

宇宙へ行く（が、すぐもどってくる）
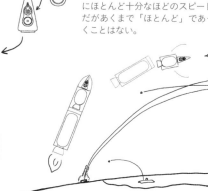
街を焼きはらうマシンを運ぶ「もっと速く上に行くもの」は、高く飛んで宇宙まで行く。たいていの「上に行くもの」と同じように、これも使い終わったパーツを次々と落としていく。そうすることで、どんどんスピードが出るからだ。

宇宙にとどまりつづけ、地球のまわりをぐるぐる回りつづけるのにほとんど十分なほどのスピードで飛ぶ。

だがあくまで「ほとんど」であって、完全にそのスピードにとどくことはない。

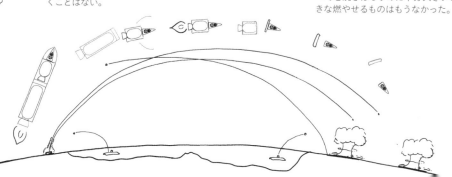

水の部屋

これは、人間がこれまでに作った最高のもののひとつだ。
過去数百年のあいだに私たちは、人間はなぜ病気になるかについてたくさん学んだ。私たちを病気にするものがどうやって移動するのかがわかったし、また、それを止める方法もわかった。
私たちが病気になるとき、多くの場合それは、ある種の生き物が私たちの体に入りこんで、そこで育とうとするからだ。私たちの体は、それと戦って追いはらうことができることも多いが、病気を起こす生き物は私たちが戦っているあいだに、私たちの体が出すものを使って――しばしば、それがもっと出るように助けて――、ほかの人々へと広がろうとする。
私たちの建物に水を引きこむ方法と、その水を使って、病気を起こす生き物がほかの人に届かないよう私たちの体から追い出す方法をつきとめることで、多くの人間を死なせてきたものにどう取り組めばいいかがわかってきた。そんなわけで、これはとても大切な部屋なんだ!

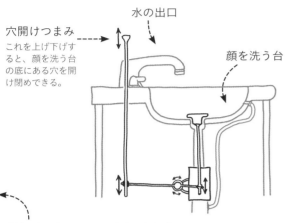

穴開けつまみ
これを上げ下げすると、顔を洗う台の底にある穴を開け閉めできる。

水の出口

顔を洗う台

屋根まで行っている空気パイプ
部屋の外へ流れていく、くさい水には、くさいガスも混じっている。このパイプはそのガスが上に行って、屋根の穴から外に出るようにする。くさいガスが君の部屋の穴からもどってきて、部屋中くさくならないようにね。

くさいガス

かべの音
古い家で、水を出すハンドルをぎゃくに回して水を止めようとすると、大きな岩が何かにぶつかったような、ドンという音がかべからすることがある。これは、水がストッパーに当たる音だ。
家のなかで水を出すためハンドルを回すと、1本の長い列になった水が一度に動いて、開いた口から出てくる。また口を閉めるとその水は全部、一度に止まらなければならなくなる。
水はよく動きまわるが、水そのものの大きさは簡単には小さくならない。一番前にある水がストッパーにぶつかると、その水は小さくなれないので、行く場所がなくなる。そこですぐに止まるしかない。こうして水の列全体が一度に止まる力が、まわりの金属に思い切りぶつかるので、大きな音が出る。

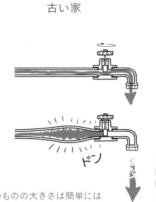

古い家　**新しい家**

ドン

どうやって解決したか
最近の家では、水の出口にひとつ部品をつけ足すことでこれを解決している。その部品は、行き止まりになった「パイプ」のようなもので、水より上には空気がつまっている。止まったとき、水は行き止まりのあるほうへ流れることができる。行き止まりに入っている空気がクッションの役割をして、水のスピードを優しく落とし、大きな音がしないようにしてくれる。

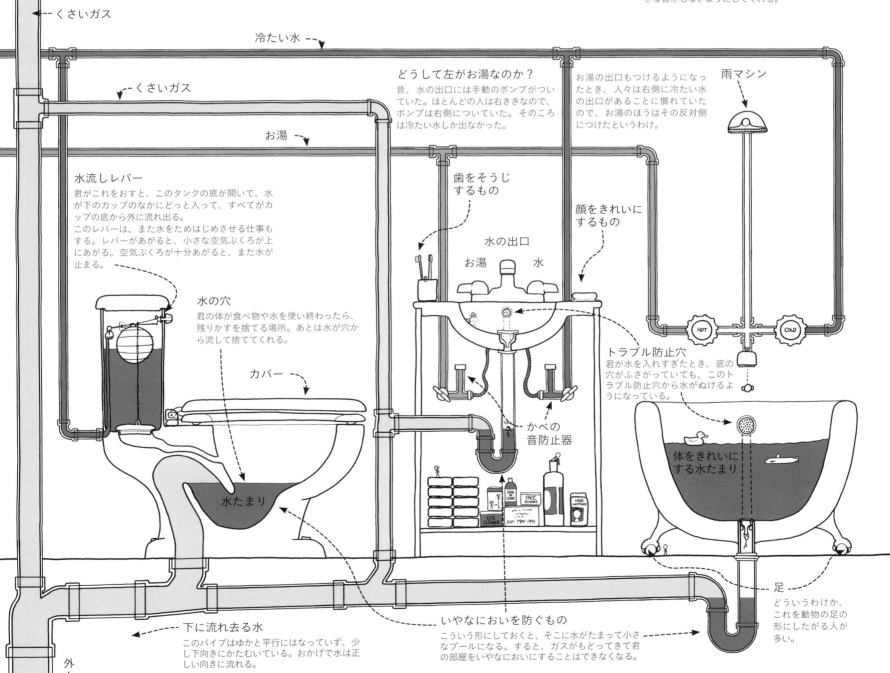

冷たい水

くさいガス

お湯

水流しレバー
君がこれをおすと、このタンクの底が開いて、水が下のカップのなかにどっと入って、すべてがカップの底から外に流れ出る。
このレバーは、また水をためはじめさせる仕事もする。レバーがあがると、小さな空気ぶくろが上にあがる。空気ぶくろが十分あがると、また水が止まる。

水の穴
君の体が食べ物や水を使い終わったら、残りかすを捨てる場所。あとは水が穴から流して捨ててくれる。

カバー

歯をそうじするもの

どうして左がお湯なのか?
昔、水の出口には手動のポンプがついていた。ほとんどの人は右ききなので、ポンプは右側についていた。そのころは冷たい水しか出なかった。
お湯の出口もつけるようになったとき、人々は右側に冷たい水があることに慣れていたので、お湯のほうはその反対側につけたというわけ。

水の出口
お湯　水

顔をきれいにするもの

雨マシン

トラブル防止穴
君が水を入れすぎたとき、底の穴がふさがっていても、このトラブル防止穴から水がぬけるようになっている。

水たまり

かべの音防止器

体をきれいにする水たまり

下に流れ去る水
このパイプはゆかと平行にはなっていず、少し下向きにかたむいている。おかげで水は正しい向きに流れる。

いやなにおいを防ぐもの
こういう形にしておくと、そこに水がたまって小さなプールになる。すると、ガスがもどってきて君の部屋をいやなにおいにすることはできなくなる。

足
どういうわけか、これを動物の足の形にしたがる人が多い。

外

コンピュータ・ビル

君がコンピュータを使って聞いたり見たりする歌や映画は、君のコンピュータに入っていることもあるが、多くの場合「雲のなか」にある。

「雲」はつまるところ、いくつかの大会社が持っている、たくさんのビルだ。そうしたビルのなかには何列ものコンピュータ、情報ボックス、そしてあちこちですべてをつないで、コンピュータたちに情報や電気を届けたり持ち出したりする、ややこしい色つきのラインがたくさんある。君が〈つぶやき〉や〈顔の本〉といったサービスを使うとき、君のコンピュータは、こういったビルのなかにあるいろいろなコンピュータに話しかけている。

コンピュータ・ビルのなかには、会社が自分たちのコンピュータを全部入れておくために建てたものもある。いくつかのとても大きな会社はそうしている。コンピュータを持っているけれどそれを置く場所がない人たちにスペースを売っている、というコンピュータ・ビルもある。お金を出せば、君にコンピュータを使わせてくれるところもある。そういうビルで多いのは、君がお金を出せば、自分たちのコンピュータを使って君のためにいろいろなことをしてくれるようなところだ。しかし、これらのビルはいろいろでも、なかにあるコンピュータは、だいたいどれも似たり寄ったりだ。

消火ガス
コンピュータ・ビル内で何かに火がついたら、ビルのシステムが重いガスが入った箱を開けるようになっていることが多い。火が燃えるためには、空気に入っているある種のガスが必要だ。その代わりに別の種類のガスを入れれば、火は消える。
（火が燃えるために必要な種類のガスは、私たちが息をするために必要なガスと同じなので、別種のガスが送りこまれたとき君がその部屋にいたなら、君は死んでしまうかもしれない。だが少なくとも、君に火がつくことはない）

クーラー
コンピュータは熱を出す。コンピュータ・ビルをやっていくときに一番やっかいなことのひとつがビルをすずしくすることだ。こうしたビルで使われる電気の多くが、各階にある冷やすための羽根車、冷やすための水を屋根まで持ち上げたり下に送ったりするポンプ、そして、下へおりていく冷やす水を冷やすために屋根の上にある大型クーラーを動かすために使われている。

すずしい通路と暑い通路
ビルの各階で、コンピュータはたくさんの列をなして並んでいて、列のあいだはすずしい通路と暑い通路になっている。コンピュータは、すずしい通路のほうから空気を取りこみ、暑い通路のほうに空気をはきだす。このようにして、あるコンピュータが空気を取りこんでいる場所に、別のコンピュータが熱い空気をはきださないようになっている。

特別な部屋
君が自分のコンピュータとその入れ物を持っていて、お金を出して、自分専用の部屋を借りることができる。どんなコンピュータでも持ちこめて、建物のシステムにつなぐことができる。

「私に会って」ルーム
（実際にもこう呼ばれている）
ひとつのコンピュータ・ビルにいくつもの会社が入っていて、会社どうしでデータのやりとりをしたくなることがある。
ふつうは、一度ビルの外に送ってから、情報通信会社にお金を出して、別の会社のコンピュータに送ってもらわないといけない――どちらの会社も、そもそもその情報が送り出された同じビルのなかにあるのに。いくつかのコンピュータ・ビルでは、いろいろな会社がみんなコンピュータをつなげられる特別な部屋があり、そこでは外へ出たり、また別の会社にお金を出したりせずに、会社どうしがメッセージをやりとりできる。

「待て」ボタン
火事になって消火ガスがふき出してきたら、この「待て」ボタンをおすことができる。「待てよ。まだ出す空気を切りかえないで。なかに人がいるってば！」と知らせることができる。

ふつうの空気

情報ライン
コンピュータの列に行くラインと出ていくラインはたいてい、てんじょうの裏かゆかの下にのびている。

冷やす水のタンク

部屋のクーラー
どの階にもこんな箱がある。この箱は部屋の空気をチェックして、暑すぎたらクーラーの特別な冷たい水を使って、すずしくする。

消火ガス

外側のライン
こういうラインで、ビルは世界のコンピュータや電話システムとつながっている。ラインは金属ではなくガラスでできていて、金属よりたくさんの情報を送ることができる。

電気を送る箱
それぞれの階のコンピュータの列に、この箱が電気を送る。

暑い通路
すずしい通路
ピピ（顔の本）です

車輪つき問題解決テーブル
コンピュータ・ホルダーの列

上下移動ルーム

ビルの事務室

守衛さん

石油
電気箱
電気見守り器
コンピュータの階に送る電気をどこから取るか決めるマシン。外からの電気が来なくなったときにかえ、何も止まらないようにしてくれる。

電気の種類を変えるマシン
コンピュータ・ビルではたくさんの電気を使うので、ふつうの家に来ているのとはちがう種類の電気を電力会社から送ってもらっている。いなかに行くと見かけるような、木よりも高い金属のタワーからぶらさがっている、長いラインを流れている電気だ。この箱はその特別な電気を、コンピュータに必要なふつうの電気に変える。ばく発しないかぎり、ありがたいマシンだ。ばく発することもめったにないし。

電気が止まらないようにする
コンピュータ・ビルを管理している人たちは、電気が止まるのをとても心配している。ふつう、もしも電気が止まっても、しばらくのあいだ何も止まらないよう、代わりに電気を送る電気箱がたくさん備えられている。また、長いあいだ電気が止まるときには、石油を燃やして電気を作るマシンが備えつけられていることもある。

冷やすための羽根車の音
コンピュータ・ビルはうるさい。音のほとんどがコンピュータのパーツを冷やすために回転している羽根車からのものだ。

コンピュータ修理の道具が入ったバッグ
この部屋を使っている人たちが忘れていったもの。

ドア番マシン
コンピュータ・ビルはふつう、少なくとも2つのドアに、特定の人しか入れないようにするマシンをつけている。
コンピュータ・ビルの持ち主は、この点にはとても気を配っている。というのも、もしだれかがビルのなかのコンピュータから情報を横取りしたら、もうだれもそのビルにコンピュータを置いておきたくなくなるからだ。

人間キャッチャー
外側のドアを閉めないかぎり、内側のドアは開かないようになっている。君がドアを開けようとしているあいだに、後ろから来た人が入ってこないようにするためだ。

指チェックマシン
このマシンは、入ることを許されている人全員の指先の線の図を持っている。君がこのマシンをさわると、マシンは指の線を調べ、入ることのできるだれかの線と同じに見えたときにだけドアを開けてくれる。

コンピュータ

コンピュータ・ビルでは、ホルダーにおさまる特別な種類のコンピュータを使う。大きさはいすの背もたれぐらいだ。

電気を送り出すマシン
外から電気を取りこみ、コンピュータのいろいろな部分に送る。

送風マシン
コンピュータ全体に風を送って温度が上がらないようにする。風はいつも「前」から「後ろ」に向けて送られ、暑い通路に出る。

メモリー棒
たとえば、コンピュータが送っている最中の情報や、見ている絵など、今コンピュータが考えていることが、ここに入っている。コンピュータの電源が切れると、ここに入っていたことは消えてしまう。

後ろ
コンピュータにラインを1本足したいとき、ここにある穴から通すことが多い。

カード・ホルダー
もっと小さなコンピュータをつけ足したいとき、ここに取りつける。そういうカードのような「ちびコンピュータ」は、ほかのコンピュータに話しかけるときのスピードをふつうより速くするか、数字を使って特別な仕事をしたりできる。

考える箱
コンピュータがものごとの順番を考えたり、数をいろいろ動かしたりする、中心部。

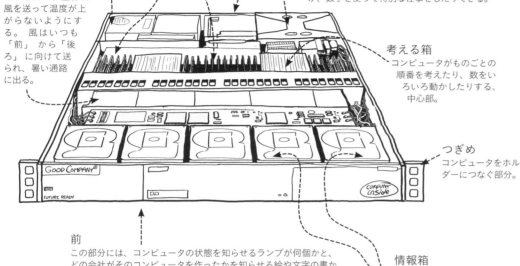

前
この部分には、コンピュータの状態を知らせるランプが何個かと、どの会社がそのコンピュータを作ったかを知らせる絵や文字の書かれた板がついていることが多い。それを見るのは、ふつうは何かのトラブルを直しているときなので、だれに腹を立てればいいかを教えてくれるだけの役にしか立っていない。

つぎめ
コンピュータをホルダーにつなぐ部分。

情報箱
コンピュータの電源が切れても情報を覚えている。

ホルダー

コンピュータ・ビルでは、すべてのコンピュータがこのようなホルダーのなかに入れられている。ひとつのホルダーに、コンピュータのあらゆる種類のパーツを入れることができる。どこのコンピュータ・ビルでも、だれもが好きな種類のコンピュータを入れることができる。

やり取りセンター
ひとつのホルダーの2、3カ所にやり取りセンターがあり、ほかのすべてのコンピュータからのラインがつながっていて、それらのコンピュータが外の世界とやり取りできるようになっている。やり取りセンターはいちばん上にあることが多い。

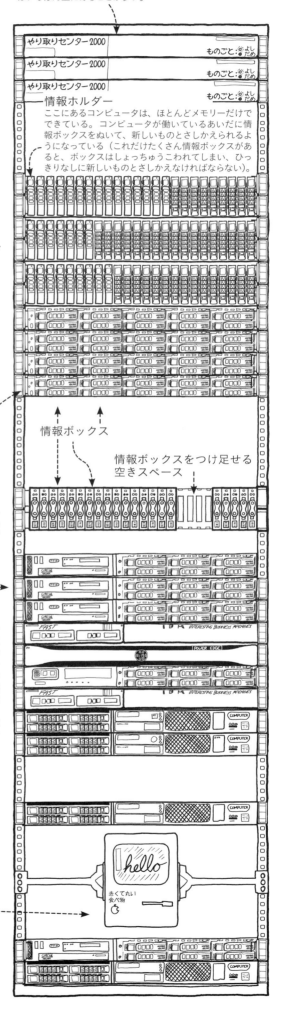

やり取りセンター
ここにはたくさんのラインが集まってくる。ここから外の世界に出て行くラインもたくさんある。たくさんの情報が運べるようガラスのラインにして、電気のかわりに光を送ることもある。

電気のライン
それぞれのコンピュータに、電気のラインが2本ずつある。電気のラインは情報のラインとそっくりだ。これらのラインが全部、コンピュータにさしこまれるはしっこまで同じ形だと大問題になりそうな気がするが、そうなっていないのでだいじょうぶ。

情報のライン
コンピュータ1台につき3種類の情報ラインがあるのがふつうだ。外の世界のコンピュータに話しかけるラインが1本。このビルのなかにある同じ会社のほかのコンピュータたちに話しかけるラインが1本。そして3本めは、コンピュータの電源を入れたり切ったり、あるいはコンピュータの働き方を変えたりする特別なシステムのためのもの。

問題
いつもだれかが転んで、ひっかかってこれをぬいてしまうこと。

別の問題
こうしたラインはものすごくわかりにくい。最初のうちはきれいだが、やがて全体が、わけのわからない、カラフルなひとつのかべになってしまう。

また別の問題
このコンピュータに電気を送るラインをだれかが忘れてしまった。いま君の電話がつながらないのはきっとそのせいだ。

情報ホルダー
ここにあるコンピュータは、ほとんどメモリーだけでできている。コンピュータが働いているあいだに情報ボックスをぬいて、新しいものとさしかえられるようになっている（これだけたくさん情報ボックスがあると、ボックスはしょっちゅうこわれてしまい、ひっきりなしに新しいものとさしかえなければならない）。

情報ボックス

情報ボックスをつけ足せる空きスペース

メモリー・グループ
メモリー・ボックスがいくつもつなぎ合わされていて、もしもボックスが1個こわれても、それが持っていた情報はすべて、ほかのボックスのなかに残っているようにしてあるコンピュータが多い。

ふつうのコンピュータ
こういうコンピュータにも多少のメモリーはあるが、それらはもっぱら仕事をしたり、ほかのコンピュータに話しかけるためのものだ。だれかからメッセージをもらったり、だれかの〈顔の本〉、〈つぶやき〉、あるいはインターネットを見たりするとき、君のコンピュータはたぶん、そういうものとやり取りをしている。

ほかのコンピュータ
君のコンピュータを持ちこんで、コンピュータ・ホルダーに入れることができる。場所代さえ出し、何もこわさなければ、ビルの持ち主は君が入れたコンピュータがどんな種類でどんなに古かろうが、少しも気にしない。

アメリカ宇宙チームの〈上に行くもの〉5号

よその星に人間を送った、ただひとつの宇宙ポートがこれ。人間はこれを使って月に6回着陸したが、それはすべて、この本が書かれる50年ほど前のことだった。

6回の月着陸のあと、この宇宙ポートを使ってよその星に行くことはなかった。アメリカの宇宙チームがこの宇宙ポートを最後に使ったのは、初めて作った宇宙ハウスを運び上げたときのことだ。

その宇宙ハウスは人々が2、3度訪れたあと、地球に落ちてきた。そのかけらが、とある小さな町に落ちた。アメリカの宇宙チームはその町に言われて、地面に物を落としたばつとしてお金を出した。

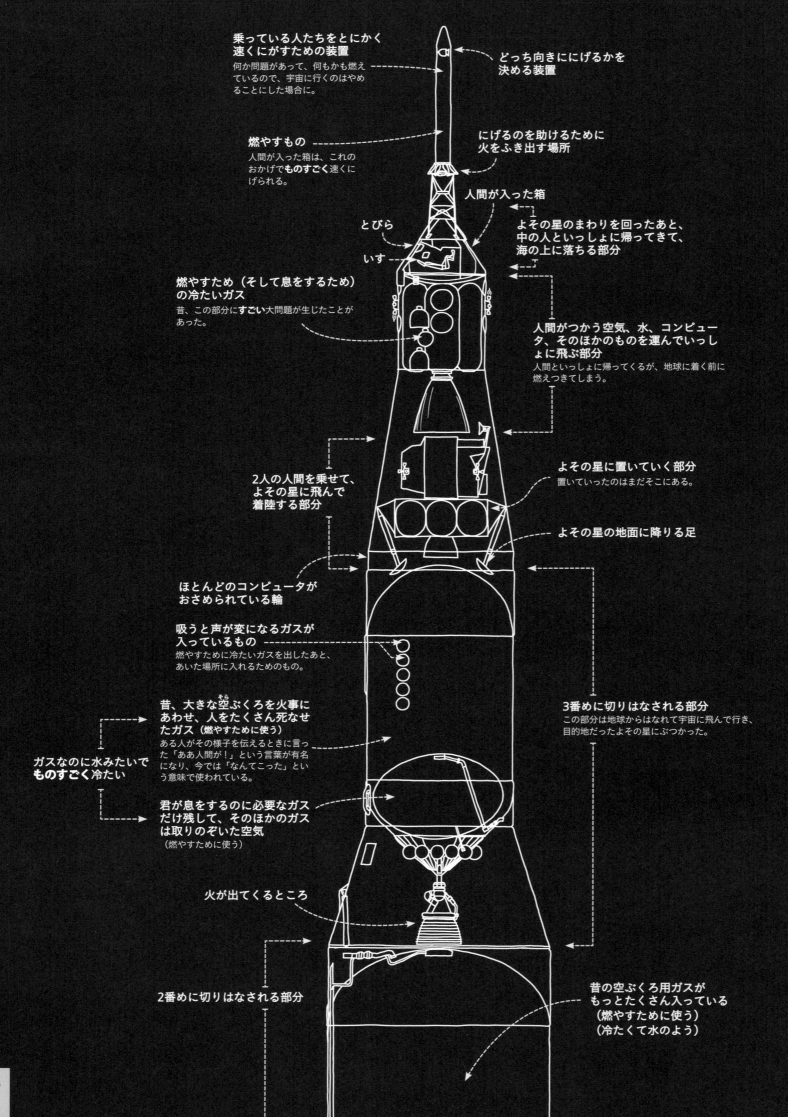

乗っている人たちをとにかく速くにがすための装置
何か問題があって、何もかも燃えているので、宇宙に行くのはやめることにした場合に。

どっち向きににげるかを決める装置

燃やすもの
人間が入った箱は、これのおかげでものすごく速くにげられる。

にげるのを助けるために火をふき出す場所

とびら

いす

人間が入った箱
よその星のまわりを回ったあと、中の人といっしょに帰ってきて、海の上に落ちる部分

燃やすため（そして息をするため）の冷たいガス
昔、この部分に**すごい**大問題が生じたことがあった。

人間がつかう空気、水、コンピュータ、そのほかのものを運んでいっしょに飛ぶ部分
人間といっしょに帰ってくるが、地球に着く前に燃えつきてしまう。

2人の人間を乗せて、よその星に飛んで着陸する部分

よその星に置いていく部分
置いていったのはまだそこにある。

よその星の地面に降りる足

ほとんどのコンピュータがおさめられている輪

吸うと声が変になるガスが入っているもの
燃やすために冷たいガスを出したあと、あいた場所に入れるためのもの。

3番めに切りはなされる部分
この部分は地球からはなれて宇宙に飛んで行き、目的地だったよその星にぶつかった。

昔、大きな空ぶくろを火事にあわせ、人をたくさん死なせたガス（燃やすために使う）
ある人がその様子を伝えるときに言った「ああ人間が！」という言葉が有名になり、今では「なんてこった」という意味で使われている。

ガスなのに水みたいで**ものすごく冷たい**

君が息をするのに必要なガスだけ残して、そのほかのガスは取りのぞいた空気
（燃やすために使う）

火が出てくるところ

2番めに切りはなされる部分

昔の空ぶくろ用ガスがもっとたくさん入っている
（燃やすために使う）
（冷たくて水のよう）

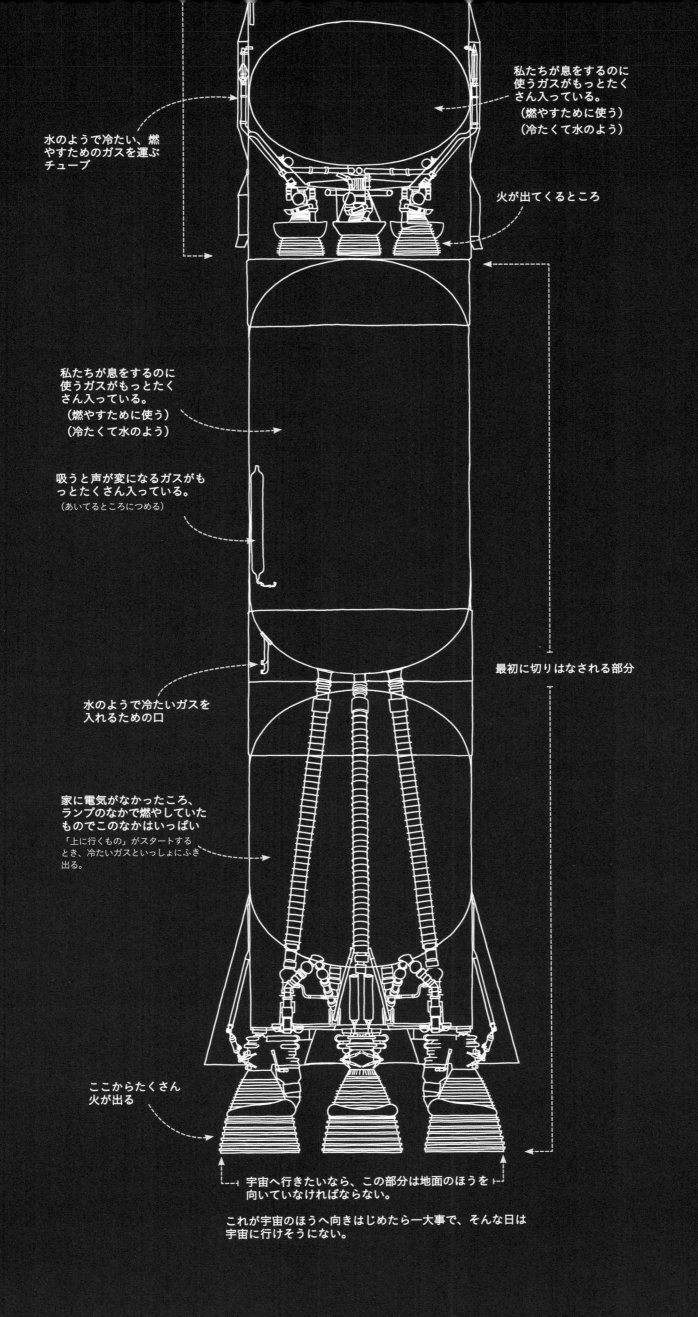

空(そら)ボートのエンジン

空ボートは車や海を進むボートと同じく、石油を燃やすマシンで動く。石油を燃やすには空気が必要で、空ボートの場合、自分が回している空気そのもので石油を燃やす、特別な羽根車を使う。

石油を燃やすマシンはほとんどどれも、次の4つのステップを使う。（1）空気を吸いこむ。（2）空気をぎゅっとおし縮める。（3）空気のなかで石油を燃やし、暖めてふくらませる。（4）そのふくらむ空気で何かをおす。

飛行機のエンジンは、暖まった空気の力を2とおりのやり方で使う。まず、宇宙ボートと同じように、その空気を後ろからふき出して前に進む。それから、エンジンの羽根車を回すのにもその空気を使い、さらに空気を吸いこみ、エンジンが働きつづけるようにする。

エンジンの種類

小型の空ボートも大型の空ボートも空気をおして飛ぶが、ボートの種類ごとに使うエンジンはちがう。

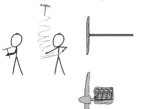

ただの羽根車
これで遊ぶのは楽しいが、これで空ボートを飛ばすとしたら、どんな空ボートでも手がつかれてしまう。

モーターつき羽根車
遊ぶのは、こっちのほうがずっと面白いかもしれない（とはいえ、まずは空ボートにつけたいよね）。

ターボエンジン
戦争で使う空ボートなど、速い空ボートに使うエンジン。速いが、ほかのものより石油をたくさん使う。

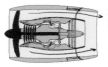
羽根車式ターボエンジン
ターボエンジンと似ているが、前に大きな羽根車がついている。それほど速く飛ばなくていいなら、とてもいいエンジンだ。だがとてもやかましい。

大きな空ボート用ターボエンジン
羽根車式のものと似ているが、全体をかべでかこって空気の流れをコントロールしている。ものよりおそく飛ぶのにいい。大型の空ボートで音より速いものがほとんどないのはそのためだ。

空ボート用エンジンの仕組み

空ボートを空気のなかで飛ばすエンジンがどんな仕組みかを理解するにはまず、宇宙ボートを宇宙で飛ばすエンジンを見てみるといい。

火をおこすには空気と、何か燃やすものが必要だ。宇宙ボートでは、片側が開いた部屋のなかに石油と空気を送る。そして石油と空気に火をつける。火は燃えあがり、穴からふき出し、宇宙ボートを前におす。

宇宙には空気はないので、火をおこすには空気が必要なので、宇宙ボートは空気を積んでいかなければならない。空ボートはまわりの空気を使うことができるので、石油だけを積めばいい。そして空気を取りこみ、石油を加えて燃やすわけだ。

前に羽根車をつけて、もっとたくさんの、まとまった空気を火を燃やす部屋に送れるようにすれば、エンジンを改良できる。空気がたくさん使えれば火はもっと速く燃えて、もっと熱くなる。

前で羽根車を回すには力がいる。別のマシンで石油を燃やすことで電気を作り出し、それを電線で羽根車に送ってもいい。だが、もうおこっている火から少しだけ力をもらって、それで羽根車を回したほうがいい。

羽根車を後ろにつけたなら（火の通り道に羽根車が来ることになる）、前の羽根車と棒でつないで、前の羽根車を回してやることができる。こうすると、空気が燃えるスピードがおそくなるので、羽根車が前だけのときほど空ボートをおし進めることができなくなる。だが、後ろの羽根車のおかげで火の働きがずっとよくなり、空ボートをそれほどおし進められないという欠点がうめあわされるうえにおつりがくるくらいだ。

だめおしでエンジンを良くする方法はこうだ。熱くなった空気で前後2つの羽根車を回して、空気をぎゅっと縮めて火を燃やす部屋に送るだけでなく、この熱い空気を使ってもうひとつ、大きな羽根車を回すことができる。

空ボートがぐんぐん前に進めるのも、この大きな羽根車（まわりをかべで囲まれていることもある）があればこそだ。この羽根車をつければほかのすべてのパーツを、たくさんの空気を取りこみ、火をおこし、そこからパワーを得るためだけに使える。

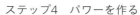
ちょっと待って！
「火の力がかならず後ろ向きに働くって、どうしてわかるのかな？ 前の羽根車にも同じくらいの力で働きかけたら空ボートがおそくなるはずなのに、そうならないのはなぜだろう？」と、みんな不思議に思う。

その答はこうだ。部屋の形と羽根車の大きさがうまく決めてあって、火の力は後ろから外に出るのがいちばん楽なようになっている。そのとちゅうで、2つほど羽根車を通るだけでいいようになっているのだ。

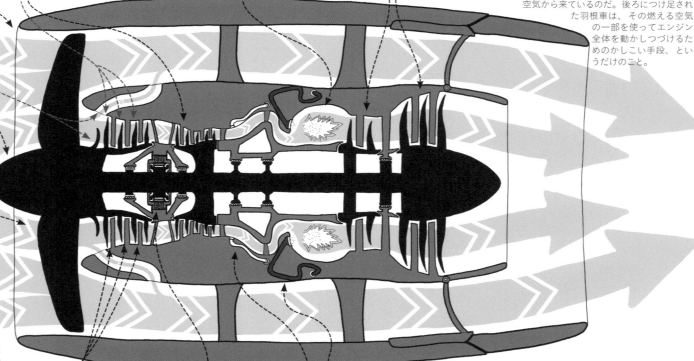

ステップ1 空気を吸いこむ
空気はこちら側から入ってくる。パワーを作る最初のステップ。

ゴミよけ
空気のなかに小枝や石などのゴミが混じっていたら、ここからおしだされ、エンジンに傷がつくことはない。

先っちょ
おし縮める空気を中に呼びこむ前に、まずひとまとまりにしてくれる。

大きな羽根車
後ろで燃えている火は、まんなかを通る棒を使ってこの大きな羽根車を回す。ほかならぬこの羽根車が、空ボートを前におし進める仕事のほとんどを行なっているのであって、ほかのものはすべて、この羽根車を回すためだけにある。

空ボートなら全部、このような大きな羽根車があるわけではない。なかには熱い空気だけを使う空ボートもあり、ものすごく速い空ボートの場合は、これがとてもうまくいく。だが、音よりもおそい空ボートでは、熱い空気を使って大きな羽根車を回すほうが、空気だけをおす力として使うより、石油が少なくてすむんだ。

ステップ2 おし縮める
このたくさんの羽根車で、入ってきた空気をどんどんおして縮める。火が速く、熱く燃えるようにするためだ。

から回りを防ぐ羽根車
空気をおし縮める羽根車は回ることで働くが、どれも同じ向きに回っているので、燃やすための部屋まで空気がちゃんと行かず、ぐるぐる回転して、羽根車のところにとどまってしまうことがある。そうなってはこまるので、羽根車のあいだには必ず小さな、動かない羽が作りつけられていて、空気がから回りせず、後ろへどんどん流れるようになっている。

ステップ3 燃やす
羽根車でおし縮められた空気はこの部屋に送られ、そこに石油がほんの少しばらばらと注がれて、火がつけられる。

石油と空気は熱くなって、大きくふくらむ。後ろから外へ出る向き以外に進むのはとても難しいような形にかべが作ってあるので、燃えている空気は後ろから外に出る。

電気メーカー
回転する棒を使って、空ボートのエンジン以外の部分（ライトやコンピュータなど）が使える電気を作るマシン。

ステップ4 パワーを作る
外へ出る空気の力が、空ボートが自分で前に進むのを助ける。だが、空ボートのエンジンはもっとかしこいこともやっている。空気の通り道に、またいくつか羽根車をつけ足してあるのだ。この羽根車は、空気をおすために回されたりしない。逆に、空気に回してもらう。羽根車が回ると、エンジンのまんなかを通っている棒が回って、空気の入口側にある羽根車を全部回す。こうしてエンジンをパワーアップできる。

羽根車を使って別の羽根車をパワーアップしてるってこと？ そんなのうまく行きっこないよ、という気がする。ところが、実はそのパワーは外に勢いよく出て行く、燃えている空気から来ているのだ。後ろにつけ足された羽根車は、その燃える空気の一部を使ってエンジン全体を動かしつづけるためのかしこい手段、というだけのこと。

石油の通り道
石油はここを通って、燃やされる部屋に行く。

空気取りこみパイプ
空の高いところでは、空気はうすすぎて呼吸には使えない。このパイプは、エンジンでぎゅっとおし縮められてこくなった空気を少し取りこんで空ボートの中に送り、乗っている人たちが呼吸できるようにする。

おす向きをぎゃくにする装置
空ボートが止まらないといけないときは、このドアのようなものを使って、空気を横から外に出して、前向きに送る。すると、エンジンは空ボートを前向きではなく後ろ向きにおすようになる。

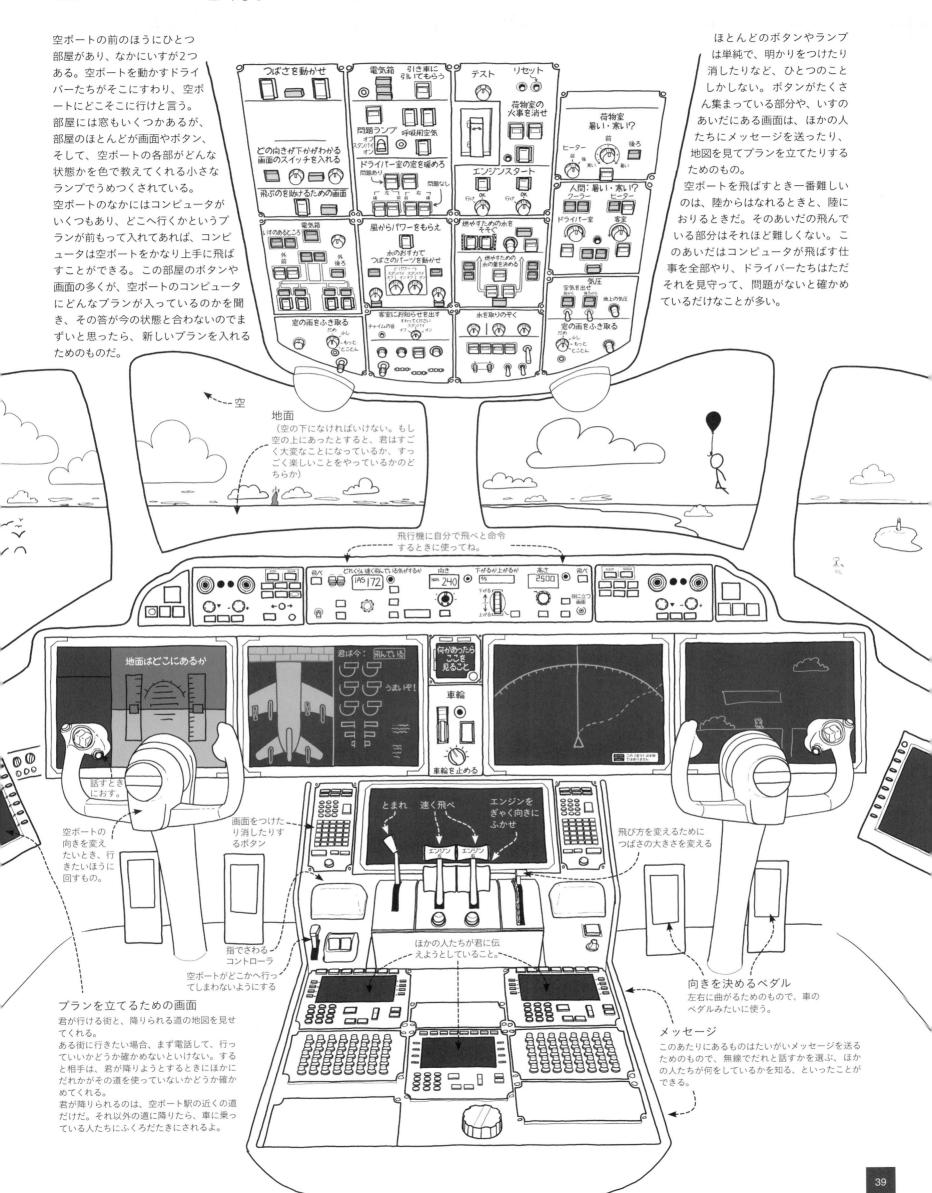

すごく小さいものどうしをぶつけるためのばかでかいマシン

この「すごく小さいものどうしをぶつけるマシン」は、小さいものと小さいものをものすごく激しくぶつけあわせるためのもの。そんなことをやりたいと思う人がいるのはなぜかを説明するために、ボートのたとえばなしをしよう。君は何人かの友だちといっしょにボートに乗って海の上を進んでいるとする。海は雲でおおわれていて、どんな様子なのかまったくわからない。水があるよね、と君は考える――だが、水のなかには何があるだろう？ 氷？ 大きなかみつき魚？ あと、海を満たしているのはじつは水じゃなくてビールかもしれないよ。それとも、砂やプラスチックのボールかな、などなど、いろいろ気になる。

海のなかには何があるかはっきりさせるために、ボートのへりから物を投げて、何がはねかえってくるかを見てみよう。重いものを投げると、水のしぶきがはねかえってくるだろう。力いっぱい投げこめば波が立って、小さな氷のかけらが空中に飛び上がるかもしれない。こうすることで、いろいろなことがわかってくる！

さて、君は自分が乗っているボートが動いていることに気づいたとしよう。風受けシートもないのに、何がボートをおしているんだろうと君は気がかりになる。

それだけじゃなく、ボートの横っ腹に何かが当たっている音がときどき聞こえているのにも、君たちは気づく。しばらく考えて、大きなかみつき魚がボートの横っ腹をつついて、おしているんだと、君たちは判断する。ここで君はあることを思いつく。すごく重い物をいろいろ海に投げこめば、そのうち大きなかみつき魚がなかに入った大きな水のボールがはね返ってくるだろう、と。

しかし、魚が目に見えるところまで飛び上がってくるには、水に物をものすごく強く投げこめるマシンを作らなければならない。そのためにはかなりのがんばり（とお金）が必要だ。それでも君たちは、水のなかで何が起こっているかがわかるなら、試してみる価値があると思うかもしれない。

すごく小さいものどうしをぶつけるためのばかでかいマシン

すごく小さいものをぶつけるためのばかでかいマシンは、これまでに作られた「小さなものをぶつけるマシン」のなかで一番大きく、一番強力なものだ。街ひとつぶんの大きさがあり、そのほとんどは地下にかくれている。

このマシンをどう使って新しいことを学ぶの？

このマシンでは、小さなつぶのガスを通路に沿ってすごいスピードで飛ばして、強くぶつける。ガスはものすごい勢いでぶつかるので、つぶがふつうには起こらない、めずらしい割れ方をして、そのときガスなどがある「場所そのもの」も――激しくゆさぶられるので、いろいろなものが出てくる。

出てきた細かいつぶのほとんどは、その「場所」が激しくゆさぶられているちょっとのあいだしかそこにいられず、出てきたときと同じくらい、すばやく消えてしまう。しかし、ぶつかったところから何が飛び出してくるかを見ることによって、「場所」をゆさぶることで何が生まれたかをつきとめることができる。

なぜそんなものを作ったの？

私たちは自分たちがそのなかで動きまわっている「場所そのもの」について理解しようとがんばっている。ボートは私たちには見えないが、「場所」を十分強い力でたたくとつぶがいろいろ飛び出してきて、何かを教えてくれる。

これらのマシンは、場所、時間、そしてすべての物は何でできているのかについて、私たちがつきとめるのを助けてくれる。私たちがこの大型ぶっつけマシンを作ったのは、こうした飛び出してくるつぶ自体が何でできているのか、つぶつぶたちはおたがいにどんな力でおしあっているのか、そして物にはなぜ重さがあるのかについて、私たちが思いついた新しいアイデアを確かめるためだ。

なぜ大型ぶっつけマシンは地下にあるの？

「場所」はどこにでもあるので、ぶっつけ実験はどこでもやりたいところでできる。マシンを地下に作ると、宇宙から飛んでくる小さなキラッとする光など、何が起こっているのかがわかりにくくなるようにじゃまされるものにじゃまされないですむんだ。

スタート
ガスはここで、びんのなかで作られる。そしてこの通路のなかでおされてスピードが上がる。

ガスをどうやっておすの？
このぶっつけマシンでは、電気の力や、君の家の冷たい箱に絵をはるのに使われている、金属を引きよせる石の力でおせるようなガスを使う。下に出てくる「ガスを回すもの」は、そうした力でこのガスをおすための装置だ。

高速円形通路
ガスは最初の通路から、輪になっているこれらの通路へ送られる。そこで回っているうちにまたおされて、もっと速くなる。

それほど深くない
この絵は見やすいように、実際より深さを大げさにしてかいてある。じっさいの深さは高いビルの高さぐらいで、広さは大きな街とおなじくらいある。

ドア　　上下移動ルーム

高速円形通路
ガスのなかのつぶは、この通路ではほとんど光と同じぐらいの速さで飛びまわっているんだ。

地面の下へ
上にある輪になった通路を通ったあと、ガスは地下にある、輪になった大きな通路に向かう。

なぜそんなに大きいのか
この通路はとてつもなく大きく、1周するには丸1日かかる。これほど大きくないといけないわけは、ガスがものすごいスピードで動いているので、これより早くガスを十分すばやく曲がらせることができず、通路から飛び出してしまうからだ。ガスはかべにぶつかって、すべてがふっ飛んでしまうだろう。

トラブル・ルーム
このマシンのなかで飛びまわっているガスはとんでもないパワーを持っている。マシンを止めなければならなくなったのに、ガスのスピードを落とすだけの時間がないときはこの、石でできた大きな部屋にガスを送る。ガスはぶつかった石を熱くするが、ほかのものはまったく傷つけない。

あわの箱の例

これらの線は、水を通りぬけた小さなつぶが残したあとだ。ぐるっと円をえがいているものがあるのは、「場所そのもの（「場（ば）」とも言う）」が飛んでいるつぶに力をおよぼして、つぶに円をえがかせるから。つぶがどれだけ円をえがくかを見れば、そのつぶが何かわかる。

通路
ガスはこうした通路のなかを決まった向きに飛ぶ。速いガスがそれ以外のガスとぶつかっておくならないようにしながら、ガスを動かしはじめる前に空気を完全にぬく。このマシンの通路は、太陽のまわりを回っているどの星の近くの宇宙よりもからっぽだ。

ぶっつけ実験室
輪になった大型通路のあちこちに、一方に進むガスと反対向きに進むガスとぶつける実験のできる部屋がある。ぶつかったとき部屋のなかのいろいろなマシンが、何が飛び出すかをチェックする。

あわの箱と雲の箱
このマシンのなかでは、コンピュータにコントロールされるチェック装置がシート状に並んだものを使って、飛んでいるつぶつぶを観察する。だが、この手の昔のマシンでは、「あわの箱」や「雲の箱」など、変なものを使っていた。「あわの箱」は、もうちょっとでガスになりそうな水がはいった大型プールだ。小さなつぶがこのプールのなかを飛んでいくと、その飛んだあとに沿って、小さな水のあわになる。あわはだんだん大きくなっていく。プールのなかを通りぬけるものはすべてそのすじを残していき、美しい絵ができる。「雲の箱」は「あわの箱」と似ているが、もうちょっとでガスになる水のかわりに、もうちょっとで水になるガスを使う。このなかを何かが飛ぶと、ガスのなかに水のつぶの線が残る。

君の家でもこういう箱を作って、宇宙から飛んでくる小さなつぶが残す線を観察できるよ！（あるいは、君がそんなものを持っているはずはないけれど、特別な重い金属があれば、そこから飛んでくるつぶがえがく線も見られる）

ガスを回すもの
ガスが通路のまんなかからはずれないようにしながら、輪の中を回るようにしむけるマシン。そんなことができるのは、とてつもなく冷たい金属に電気を流しているから。冷たい金属のなかでは電気がとても速く流れ、電気のこの速い流れが、ガスを強くおす力を生み出す。

通路の内部　　一方向に進むガス　　反対方向に進むガス

冷たい金属
この金属は、物が冷たくなれる最低の温度よりほんのちょっと暖かいだけだ。

冷やすためのガス
冷やすためのガス通路の外側には、とても冷たくて水のようになっているガスの層がある（吸いこむと変な声になるやつだ）。

地球を通過してくる光のようなもの

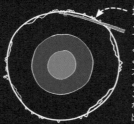

このぶっつけマシンは、つぶとつぶをぶつけあわせることで、いろいろと変なものを生み出す。そのひとつが、光によく似ているが、ほとんどどんなものでも、何の変化もおよぼさずに通りぬけてしまうつぶだ。

大型ぶっつけマシンから遠くはなれたところに、この光のようなものをつかまえて調べるための建物がある。

この建物に向かってこの光のようなものを送るには、土のなかをつきぬけるように、まっすぐその建物に向けて送り出せばいい。何でもまっすぐ通過できるので、地球のなかを通っているのを感じることもまったくないわけだ。

電気箱

電気が出てくる電気箱がどんな仕組みになっているかは、ちょっとわかりづらい。というのも、その箱には水や金属がいっぱいつまっていて、そういうものが目に見えないほど小さなものを動かすことで電気を生み出しているからだ。私たちがふだんの暮らしで使っている考え方は、電気箱の仕組みをのみこむにはあまり役立たない。

電気箱の仕組みを説明するには、新しい考え方を用いる必要がある。この考え方がわかったからといって、電気箱の「ありのまま」が見えるようになるわけではない——電気箱の「ありのまま」はどのみち、目に見えるようなものじゃない——けれど、電気箱の仕組みのなかでとくに大事なことがわかるようにはなる。私たちが何かを知りたいとき、このようにして初めてわかることがよくある。このページに出てくる考え方は、「ありのまま」からはかけはなれていても、電気箱の仕組みの一部を説明する役には立つはずだ。

電気箱について考えるときに役立つ考え方とそれを表す言葉

電気箱には2つの「はし」がある——片方は「電気の運び屋」をほしがっている金属で、もう片方は電気の運び屋を作り出す金属だ。2つの「はし」のあいだにはかべがあるが、運び屋はこのかべを通りぬけられる。「運び屋作り」金属が作り出した運び屋たちは、やがて「運び屋ほしがり」金属の表面にびっしりくっつく。運び屋ほしがり金属は運び屋から電気のつぶを取りこむが、電気のつぶたがいにはねかえしあうので、電気のつぶをあまりたくさんためておくことはできない。そんなわけで、運び屋ほしがり金属が運び屋を取りこみすぎることはない。

- ● 電気のつぶ
- ○ 電気の運び屋（電気のつぶは入っていない状態）
- ⦿ 電気（電気の運び屋に入った状態）

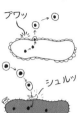

運び屋作り金属
この金属は、運び屋を捨てたがっている。この金属の中に電気のつぶが入ってくると、表面で運び屋を作り、中に電気のつぶを入れて外に捨ててしまう。

運び屋ほしがり金属
この金属は、運び屋におおわれたがっている。運び屋が近づいてきたらつかみ取って、自分の表面にくっつけてしまう。すると、運び屋が持っていた電気のつぶが金属の中に入っていく。

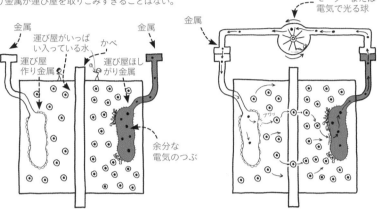

満タン
電気箱の2つのはしのあいだには、かべがある。このかべは運び屋は通すが、電気のつぶは通さない。このかべには、運び屋作り金属と運び屋ほしがり金属がくっつかないようにする働きもある。もしくっついてしまったら、運び屋は電気をどこにも送らないまま、全部運び屋ほしがり金属に行ってしまう。そうすると運び屋ほしがり金属のなかに余分な電気のつぶがたまってくるが、電気のつぶたちはそのままでは、どこにも行くことができない。

電気が流れているところ
2つの「はし」を金属の棒でつなぐと、電気のつぶが動きまわることができるようになり、運び屋作り金属に向かって移動することができるようになる。
そのとちゅうに電気で光る球やモーターなど、何かのマシンを入れると、水が水車を回すと同じように、電気のつぶがそれに働きかけて、マシンを動かすことができる。
電気のつぶが運び屋作り金属までたどり着くと、金属はそのつぶを使って新しい運び屋を作る。

からっぽ
やがて運び屋ほしがり金属はからっぽの運び屋でおおいつくされてしまい、運び屋作り金属は使い果たされてしまう。電気のつぶを2つの「はし」をつないだ金属棒に沿っておしていくものはもう残っていない。電気箱はだめになってしまった。
電気箱によっては、君が外から逆向きに電気を流してやったりして、電気箱の電気をまた満タンにしてやることもできる。

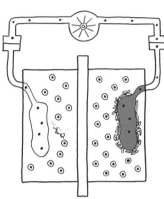

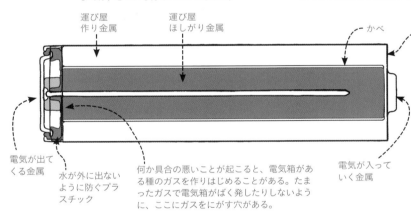

小さい電気箱
この手の電気箱はたくさんの場所で使われている。かいちゅう電灯、電気ひげそり、子どものおもちゃなどだ。
この手の電気箱では、運び屋ほしがり金属と運び屋作り金属は、金属でも種類がちがう。2つのあいだには、運び屋が動きまわれるようにしてくれる白いこなをとかした水がつまっている。電気箱のおおいが破れると、この水が外に出てくることがある。手についたらふきたくなるが、気をつけたほうがいいし、できればこの水にはさわらないほうがいい。
どんな電気箱も、しばらくすると電気切れになる。種類によっては電気を入れなおして、何度も使うことのできるものもある。この絵の電気箱では無理だけれど。

電気箱の電気が切れているかどうかは、落としてみるとわかる
この手の電気箱の運び屋ほしがり金属は、金属のこなでできている。運び屋におおわれると強くなり、こなどうしがくっつきあうので、こなは動きまわることができなくなる。そのため、電気切れになってしまった電気箱は、落とすとはね返る。電気が満タンの電気箱は落ちたらそこで止まるだけだ。

手持ちコンピュータ用電気箱
この手の電気箱は、もし大きさが同じだったらとしてくらべたら、ほかのどんな種類の電気箱よりもたくさん電気をためておける。このタイプの電気箱はもともと、心臓が病気の人が胸に入れるヘルプマシンに電気を送るものとして作られた。なるべくなら胸からマシンをしょっちゅう取り出したくないので、これに使う電気箱はたくさん電気を持てる必要があったんだ。
手持ちコンピュータをたくさん作るようになると、私たちはこの手の電気箱をとてもうまく作れるようになった。というのも、かべから電気を取ることなしに、自分の手持ちコンピュータを一日中使いたいと思う人が多かったからだ。
もちろん、病気の人たちも自分の心臓にずっと動いていてほしいわけだが、心臓ヘルプマシンを持っている人よりも手持ちコンピュータを持っている人のほうが多いんだ。

軽い金属
この手の電気箱で使われている運び屋作り金属も運び屋ほしがり金属も、軽い金属でできている。この2種類がうまくいっしょに働くように、両方ともうすくのばしてシートにし、ほとんどくっつきそうなくらい近く並べられている。つまり、2枚の紙を重ねたあと、くるくる巻いたような形になっている。

この手の電気箱を半分に切ったなら、こんなふうに見えるはずだ——でも、**絶対に切ってはいけない**。ばく発するかもしれないからね。

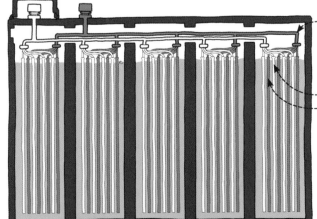

車用電気箱
このタイプの電気箱は車で使われている。運び屋ほしがり金属と運び屋作り金属には、2種類の重い金属が使われている。だから、この手の電気箱は重い。

- 2つの「はし」のあいだにある、電気を運ぶ水にさわると、手がやけどのようになることもある。
- 運び屋作り金属と運び屋ほしがり金属は別々の2つの金属だが、この電気箱にはちょっと変わったところがある。運び屋ほしがり金属が運び屋でおおいつくされてしまっているときに、運び屋作り金属が運び屋を作ると、両方とも同じ種類の金属に変わってしまうのだ。

穴をほるための街ボート

地球の深いところに、車や飛行機を動かすパワーのもとになる、石油や天然ガスがいっぱい入ったプールがたくさんある。そのうちいくつかは陸の下にあり、そこから石油を取るために、私たちは努力してきた。

プールの多くは海の底の下にある。陸の下のプールよりたどり着くのは難しいが、プールの中身はものすごく高く売れるので、とにかく試してみようと思った人たちが、街ひとつと同じくらい大きな街ボートを世界中で作った。

街ボートで働いていると、けがをしやすい。大きなマシンが重い金属のかたまりをひっきりなしに動かしているし、海面より高くなったところで作業しているからだ。それに、街ボートがそこにあるのはよく燃えるものを集めるためなのだから、街ボートが火事になることも少なくない。

街ボートにいる作業員は、ボートで過ごす時間と陸にもどって過ごす時間が半々だ。ふつう一度に2、3週間ボートで働く。ボートにいるあいだ、時間の半分を作業にあてる。

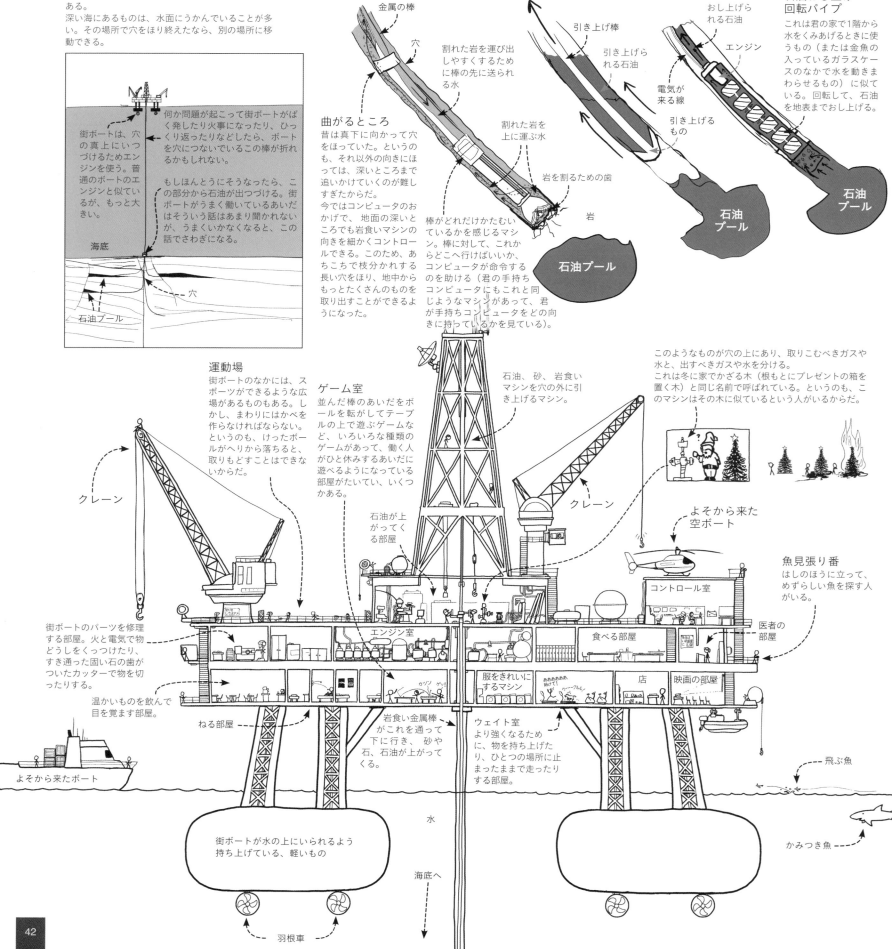

土の中にある燃やして使えるもの

ほとんどの生き物が、太陽からパワーをもらっている。なかには太陽の光から直接パワーをもらっている生き物もいる——木や、海のなかで育つものなどだ。太陽の光を食べない生き物はたいてい、ほかの生き物を食べて、そこからパワーを手に入れる。もとをたどれば、そのパワーは太陽から来ている。生き物が死ぬと、そのパワーの一部はその死体に残る。死んだ木を燃やすことでパワーが取り出せるのはそのためだ。

ときどき、死んだ生き物が燃えたり食われたりしなかった場合、パワーが体内に残ったままで地下にうまることがある。こうやって地下にうまったたくさんの死体は、長い年月のあいだに地球の重さと熱を受けて、特別な種類の石、液体、ガスに変化することがある……だが、変化しても、パワーはなくならない。こんな状態になった死体を私たちが見つけられたら、燃やしてそのパワー——ものすごく長い時間をかけて太陽から集められたパワーということになる——を一度に全部もらうことができる。

火のパワーで動くマシンを私たちが初めて作ったとき、私たちはいまある森から木を取ってきて燃やした。それでは足りなくなったときには、昔は森だったものを燃やしはじめた。

こうした昔は森だったものもいつか使い果たされてしまい、私たちはどこか新しいところからパワーをもらわないといけなくなるだろう。太陽から直接もらうとか、地球の熱からもらうなどだ。

だが私たちは、地下にあるものを全部燃やしてしまう前に、使うパワーの種類を変えないといけなくなりそうだ。というのも、地下にあるものを燃やすことで、私たちの大気が変化して、世界がどんどん暑くなっていることがわかったから。石炭、石油、天然ガスを私たちが使い果たしてしまったら、それによって起こる問題は、私たちには手におえないほど大きいかもしれない。

どうやって石炭を土の中から取り出すか

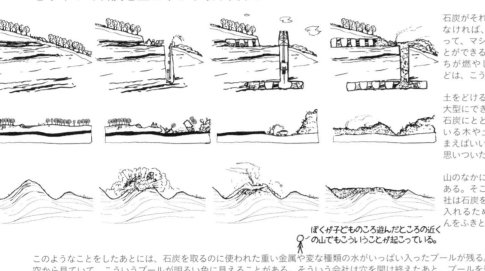

石炭がそれほど深いところになければ、地中まで穴をほって、マシンで運びあげることができる。これまでに私たちが燃やした石炭のほとんどは、こうやって取った。

土をどけるマシンをどんどん大型にできるようになると、石炭にとどくのをじゃましている木や土を全部どけてしまえばいいんだと、私たちは思いついた。

山のなかに石炭があることもある。そこで、いくつかの会社は石炭をもっと簡単に手に入れるために、山のてっぺんをふきとばすようになった。

どうやって石油と天然ガスを土の中から取り出すか

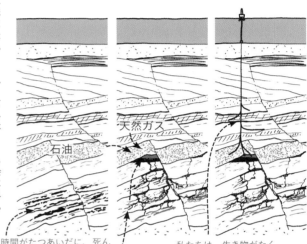

長い時間がたつあいだに、死んだ生き物の一部がゆっくりと石油や天然ガスに変化する。

こういったものは岩よりも軽いので、小さな穴を通って上に行く。穴のない岩にぶつかるとそこでたまってプールになり、より軽い天然ガスのほうが上にとどまる。

私たちは、生き物がたくさん死んだ場所をさがして穴をほる。プールが見つかったら棒をおしこみ、天然ガスと石油を全部引き上げる。

このようなことをしたあとには、石炭を取るのに使われた重い金属や変な種類の水がいっぱい入ったプールが残る。空から見ていて、こういうプールが明るい色に見えることがある。そういう会社は穴を開け終えたあと、プールを残したままにしていくことが多い。プールの中身は人間によくないんじゃないかと心配する人もいる。こういうプールに降りた鳥が死んでしまうこともあるからだ。

ぼくが子どものころ遊んだところの近くの山でもこういうことが起こっている。

石炭 　穴

まっすぐでなくとちゅうから横にカーブした穴をほるのは、ひとつには、上に住んでいる人たちをおどろかさないように町の下までほり進めたいから。

どのくらい深いのか？
石炭は、あまり深いところにあると簡単には取れない。最大の問題は、深いところほど岩が熱くなることだ。たくさんの石炭を地中から外へ出すのはたいへんだし、石炭が熱すぎると何もかもが難しくなりすぎるので、ほりだす意味がない。

ほかにも問題がある。石炭をほりだすには土の中に大きな穴をあけないといけないが、穴の上に岩がたくさん積み重なっている場合、穴のてんじょうを支えるのはとても難しい。てんじょうが落ちて人が死ぬこともある。

変な形
海が干上がると、白いやつがあとにたくさん残る。白いやつの表面が、どろや砂でおおわれてしまうことがある。

白いやつの上にある層が重くなると、白いやつは上に行きはじめ、上の層をかきわけるようにして進むことがある。かわいていないペンキがてんじょうから落ちてくるときのような形になる。ただし、上下さかさまだ。

白いやつ
食べ物をもっとおいしくするために上からかけるものと同じような白いやつ（実際、食べ物に使うやつは、海の水を蒸発させて作ったものがほとんど）。このような穴をあけて、白いやつをほりだし、その後、雪や氷をとかすために道にまいたりする。白いやつをほったあとに残った穴に石油や天然ガスを入れておいて、あとになってから燃やすこともある。

いろいろな時代にできたたくさんの層

深いところにあるプール
石油や天然ガスは、石炭を取るときよりずっと深いところから取ることができる。石油や天然ガスはプールになっていて、小さな穴でも簡単に通ることができるので、とても細い穴をほるだけで外に取り出せる。石炭のようにまわりの岩を全部どける必要はない。

石油

地面が前に割れたところ

穴

岩を割って石油を取る方法
大きくて楽に手がとどく石油のプールはだんだん見つけにくくなっていて、地中から石油を取る新しい方法がいろいろ試されている。岩のなかにも、燃やすことができる石油や天然ガスがつまっていることがあるとわかった。それを取り出すためには、地中に水をものすごい勢いで送り、岩を割る。そして、割れ目を開いたままにするために、細かい石やガラスをつめこんでやる。すると石油や天然ガスが割れ目から出てくる。岩にこういう穴をどんどん開けていくと、私たちが水を飲むとき、石油を取るために使われたものを全部いっしょに飲むことになるだろう。というのも、岩にできた新しい穴を通って、全部が流れてくるからだ。

とても深い穴

石油　天然ガス（石油の上にある）

高くなった道

地球の引力のせいで、人間は地面からはなれられない。私たちは歩きまわるのが好きだけど、地面はときどき私たちが行きたくないところ、たとえば川の下や深い穴の中などへ行く。私たちはこうした場所をさけることはできない。というのも、私たちは地面をたどるしかないからだ（鳥はちがう。鳥は空気をおして飛ぶことができるから。ある映画のなかで、「鳥が空の上を飛べるなら、どうして私が飛べないの？」と歌った人がいた。その質問への答はこうだ。「君は大きすぎるし、羽もないからだ」）。

どこかへ行きたいとき私たちは、そこへまっすぐとどく道を、地面より高くなるように作る。穴や川の向こうに行くために短い道を作るのはかなり簡単だが、長い道を作るのはとても難しい。

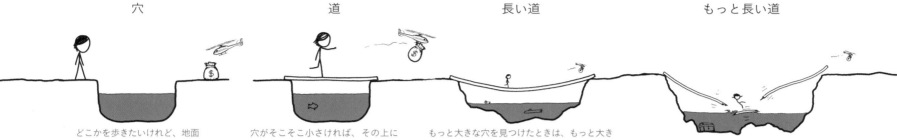

穴　どこかを歩きたいけれど、地面の形どおりには進みたくないことがときどきある。

道　穴がそこそこ小さければ、その上に板をわたして新しい道を作ることができる。その板の上を歩いて穴のむこうに行くことができる。

長い道　もっと大きな穴を見つけたときは、もっと大きな板をさがすといい。大きな板は長くてじょうぶだが、そのかわりに重い——しかも物は大きくなると、じょうぶになるよりも速いペースで重くなる。

もっと長い道　どんな板でも少したわみ、長い板ほど大きくたわむ。ある程度長い板は、君の重さで折れるだろう。とても長い板になると、板そのものの重さで折れる。

たわみやすい道　たわんでも平気なように作られた道を使えば、かなり大きな穴でもわたることができる。小さい板をたくさん結びつけてつり下げれば、その道はたわんでも折れたりしないし、もっと重い人間とか物が乗ってもだいじょうぶだ。

この手の道は、長く垂れ下がるようにすればするほどじょうぶになるが、そうなると歩きにくくなる。あまり長く垂れ下がると、穴のなかに歩いておりていくのと同じになってしまう。

分厚い道　道を分厚くすると、そこそこ大きな穴でもわたることができる。分厚いものほどたわみにくいので、この手の道はじょうぶだ。

高くなった道　道の下側に厚みをもたせるほうが道理にかなっているような気がするかもしれない。なぜなら、その部分は道を「下に落ちないように」持ち上げているのだし、人間は物を下からかかえるようにして持つことが多いからだ。

しかし、厚みのおかげでじょうぶになるのだから、厚みの部分を道の上につけても同じなのだ。

よりじょうぶな形状のものからぶら下がっている道

つけ足されているこれらの厚みは、道が下に落ちたりしないようにするのが目的なので、道にくっつけて作る必要はない。道よりずっと高いところに金属で作ったアーチ型のじょうぶな支えを作ってもいいんだ。アーチ型にするととてもじょうぶになるが、そんな形の道は歩きにくいので、じょうぶな金属の棒を何本か使って、アーチの真下に、アーチよりもまっすぐに近い道をつるせばいい。

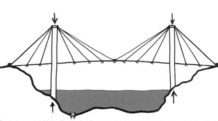

棒からぶら下げられている道

ぶら下がっている道の問題点
道をぶら下げることによって落ちないように保つ場合、十分な注意が必要だ。こういう高い道は地球の引力に引っ張られても落ちないように作られているが、地球はいつもまっすぐ下向きに引っ張る。なので、このような道は風が来ると左右にゆれやすくなる。
作った人たちが風のことをよくわかっていなかったために落ちてしまった道がいくつかある。

高くなった道を作る方法にはもうひとつある。がんじょうな棒を2本立て、棒の先から道をつり下げるのだ。ほかのタイプのぶら下げ型道路で使われているものよりも少し強い線でぶら下げないといけない。そして、棒は**ほんとうに**じょうぶでなければならない。だが、棒は2本でいいので、その点では作るのは簡単だ。

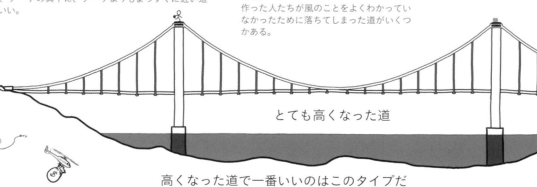

少し強い線
短い線

とても高くなった道

高くなった道で一番いいのはこのタイプだ
というのはあまり正しくない。どこに作るかで一番いいものは変わる。だが、大きな穴をわたらなければならないとき、このタイプのものが一番長くできる。

よその星の高くなった道

昔、とても頭のいい人（地球を「うすい青色の点」と呼んだことで有名な人）がある本のなかで、このような道について面白いことを言った。

彼はとても高くなった道の形について、すべては空間と時間の法則——ある星の重さが物をどうひきつけるかについての法則——で決まっているが、これらの法則はどこでも同じだと言ったのだ。

だとすると、よその星に生き物がいたなら、その星で一番うまくいく道の形は、地球で一番うまくいくものと変わらないはず。私たちの高くなった道は彼らにも見慣れた形だろう、というのだ。

そうかもしれないし、そうでないかもしれない。よその星に生き物がいるかどうかもわからないし、いたとしても、道なんて作らないかもしれない。彼らの生き方は、私たちには想像もできないほど人間とはちがっているかもしれない。

だが、彼らにもわたらなければならない穴があって……そして、彼らの星でも、地球と同じようにいろいろな形のものを建てているなら……

……そして、彼らも道を高くすることで困っていたなら……

……彼らも私たちのものとそっくりな「高くなった道」を作っている可能性はとても高いだろう。

私はこの考え方が好きだ。というのも、いま私はこの手の高くなった道のひとつを見るとき、いつもちょっと楽しい気持ちになるからだ。時間と空間で遠くへだてられたどこかに、ある高くなった道をながめながら、よその星ではこれはどんな形をしているのかなと思いめぐらせ、ひょっとしたら、私のことを空想しているだれかがいるかもしれない……そんなふうに思わせてくれる。

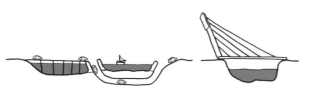
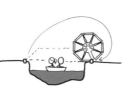
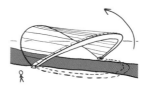

たためるコンピュータ

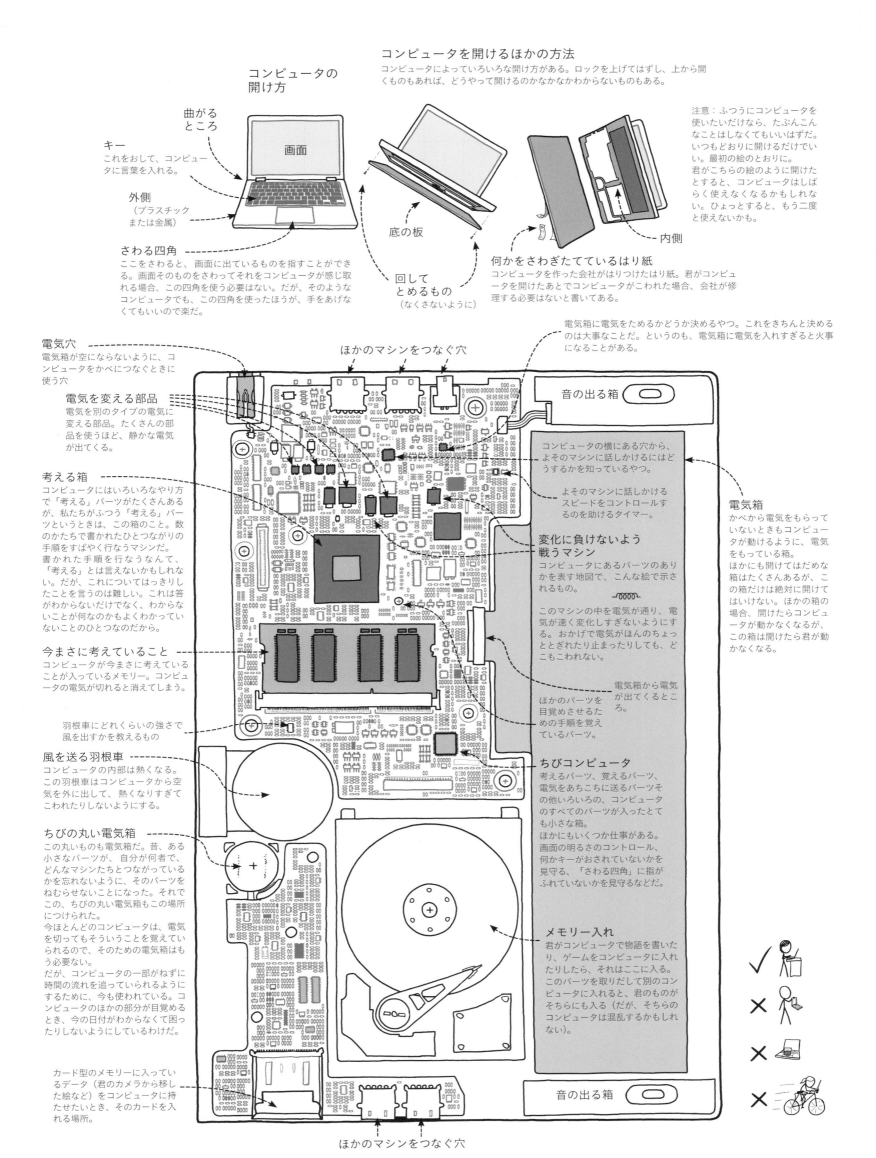

暗い星
冷たい風の星よりも外側には、遠くはなれた太陽のまわりをとてもゆっくりと回る氷の星がたくさんある。

〈遠くへ旅する宇宙ボート〉1号
前に行った宇宙ボートが「雲の月」のまわりに雲を見つけ、私たちはとてもびっくりした。そこで、〈遠くへ旅する宇宙ボート〉1号に、予定を変えて雲の月のそばを飛び、この月をもっとよく見るように命令した。このため、1号はほかの星に行くはずだったコースからはずれて、その外側の宇宙へと向かうことになった。1号は今、人間がこれまでに作ったほかの何よりも、ふるさとから遠くはなれたところを飛んでいる。

〈遠くへ旅する宇宙ボート〉2号
〈遠くへ旅する宇宙ボート〉2号は、いちばん外側の2つの星まで行った、たったひとつの宇宙ボートだ。

この星は太陽から遠い。空気はいちばん冷たく、風はいちばん強い。

この2つのガス星は、輪のある星や大きなガス星より小さい。これら外側のガス星の空気には、いろいろな種類の氷がふくまれているので、青く見える。

大きなガス星を調べた宇宙ボート
このボートは大きなガス星とその月に行った。仕事が全部終わったとき、私たちはこのボートに、大きなガス星に飛びこみなさいと命令した。古い宇宙ボートがときどき地球に飛びこむときのように、ガスのなかで燃えつきさせるために。もしもそうしなかったら、どこかの星にぶつかって、そこで地球の小さな生き物をまき散らしてしまうかもしれないと心配だったからだ。よその星に何か生き物がいるかどうかはわからないが、もしもいるなら、私たちが見る前に地球の生き物たちに食べられてしまうのはいやだ。

昔は星だった月
この月は変だ。というのも、昔は自分で太陽のまわりを回っていたのに、ある日、冷たい風の星に近づきすぎ、今ではそこで暮らしている。

昔できた穴だらけの月
この月は、昔たくさんの岩がぶつかったので、丸い穴が一面にできている。地球の月と同じだ。

この2つの星は、ガスと水の大きなボールで、まんなかに少し岩がある。

輪のある星
ガスでできた大きな星はどれも細い輪を持っているが、この星の輪は大きくて明るい。

輪のある星に行った宇宙ボート
輪のある星に行き、この星についてくわしく調べ、また、「雲の月」を近くから見た。

大きな月
太陽の近くでは一番大きくて一番重い月。

大きなガス星
太陽を回っている星のなかで最大のもの。ほとんどガスでできている。この星の月のなかには、地球と同じぐらいの大きさのものもある。

雲の月
この月はとても不思議だ。厚い雲におおわれた月はこれだけだ。この月の空気は、地球のものよりこい。私たちが吸えるような空気だったらよかったのだが、そうではない。

いやなにおいの黄色い月
この月にはいろいろな色があるが、あまり感じのいい色ではない。火のようにも見えるが、どちらかというと、だれかの口から出てきた食べ物のようだ。古くなった食べ物のようなにおいのするものでおおわれている。

氷と水の月
この月は表面に氷があるが、内側はもっと暖かいので、氷の下には水がある。暖かい水があるので、そこまで行って生き物を探したいという人がたくさんいる。生き物がいるかどうかわからないが、もしいるなら、その生き物のことをぜひ知りたいものだ。

月
ほかの月には別に名前があるが、私たちの月は「月」としか呼ばれていない。昔、月に行った人が何人かいる。私たちは月がどこから来たのかよくわかっていない。たぶん、地球がとても若かったころに別の星がぶつかり、一部がくだけてかけらがたくさん飛び散ったが、そのかけらがあとで集まって新しい赤ちゃんになったのだろうと思われる。だが、確かなことはまだわからない。

特別エンジンつきボート
このボートは、赤い星ととても大きな星のあいだにあるちび星2つに接近した。このボートは、太陽からパワーをもらう特別なエンジンで飛んでいる。2つのちび星に行き、それぞれで少しすごした最初の宇宙ボートだ。

小さな赤い星

赤い星の宇宙カー

空が熱い星
この星は地球と同じくらいの大きさだが、ずっと熱い。理由のひとつは、太陽に近いからだ。もうひとつは地球より空気が多く、星全体が分厚いコートを着ているようなもので、熱がにげないからだ。
昔人々は、この星は住みやすいだろうと思っていた。しかし、この星に行ったなら、いろいろ問題が生じるだろう。
この星の空気はほんとうに熱い。そこに降り立ったら君は燃えはじめ、帰ってはこれないだろう。空気はとても重い。降り立ったら、深い海の底にいるような感じになるだろう。空が君を下向きにおし、君は小さくなってしまい、きっと帰ってはこれない。この空気は人間が呼吸するものとはちがっていて、そのなかで呼吸しようとしたなら、君は帰ってこられないだろう。空気の中には君のはだによくないものもたくさん入っていて、それが君にふれたなら、君は帰ってこられるかもしれないけれど、はだはなくなっているだろう。

私たちが住む星
生き物と木と青い空がここにはある。君もたぶんここに住んでいるだろう。ここからはなれるのはとても難しいからね。

小さな岩の星
この星は明るい太陽のとなりにあるので、見るのが難しい。とてもゆっくり回転するので、昼の側はとても暑く、夜の側はとても寒くなる。

太陽
太陽は自分で光る特別な星だ。こういう星は「こう星」と呼ばれる。太陽はほかのこう星より大きく明るく見えるが、それは太陽が私たちに近いからだ。しかし、ほんとうに太陽はほかのこう星より大きく明るいことがわかってきた。
私たちはしばらく、太陽はほかのこう星より小さいと思っていた。というのも、私たちに見えていたほかの星は太陽より大きかったからだ。ところが、もっと暗いこう星がたくさんあることが最近わかってきた。そういう星は見つけにくいのだ。

太陽を回っている星たち

太陽は、私たちの近くにあるもののなかで一番大きい。地球をはじめ、そのそばにあるものはすべて太陽のまわりを回っている。太陽を回っている星のうち、大きなものは自分の月を持っていて、月はその星のまわりを回っている（星が太陽を回っているのと同じように）。
私たちの歴史はすべて、この絵のなかで起こった。歴史のなかの出来事のほとんどは、太陽から数えて3番めの星で起こった。君も今この絵のどこかにいるんだ！

……たぶんね。だが、本はときどきとても長いあいだありつづける。もしかすると君は、私がこの本を書いた何百年もあとにこれを読んでいるのかもしれない。もしかすると君は、この絵の外側にある宇宙ボートや星の上にいるのかもしれない。
もしもそうなら、私はまちがっている。だが、こんなすてきな理由でまちがっているなら、私はうれしい！　君が何を見たか、私に教えてくれるといいんだけどなぁ。

小さな赤い星
この星は、生まれてすぐのころには表面に水があったが、今では冷たくなって、海はなくなってしまった。赤い星と呼ばれているのは、砂のなかに金属がふくまれていて、それが長い時間のあいだに赤くなったからだ。地球の上で古い「形合わせチェックマシン」をあける板やトラックを長いあいだ外に置かれたままにしておくと赤くなるけれど、それと同じ理由からだ。

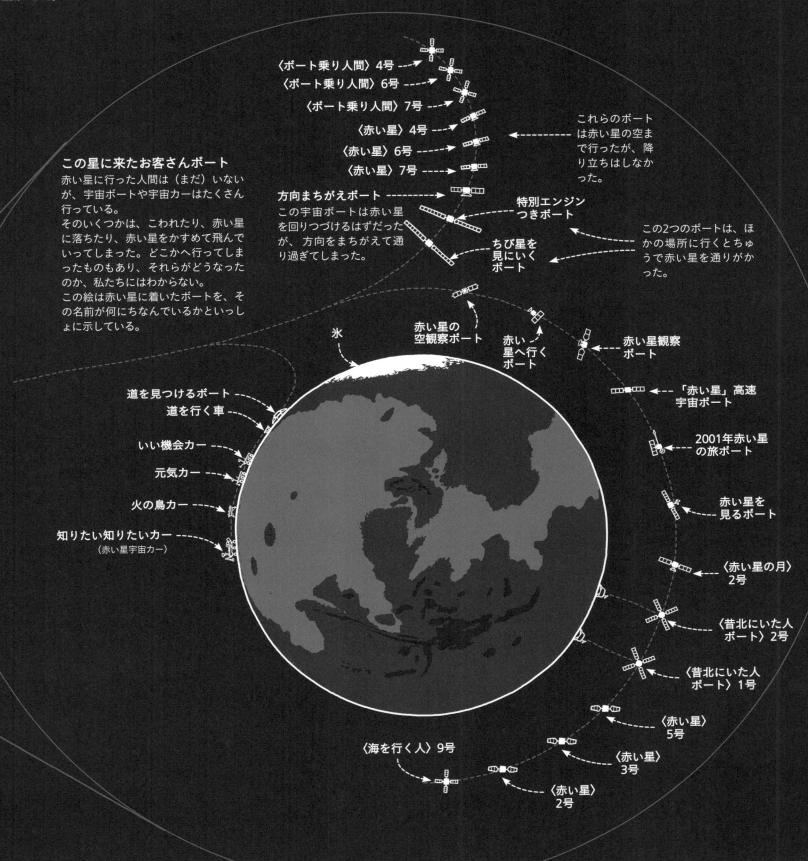

この星に来たお客さんボート
赤い星に行った人間は（まだ）いないが、宇宙ボートや宇宙カーはたくさん行っている。
そのいくつかは、こわれたり、赤い星に落ちたり、赤い星をかすめて飛んでいってしまった。どこかへ行ってしまったものもあり、それらがどうなったのか、私たちにはわからない。
この絵は赤い星に着いたボートを、その名前が何にちなんでいるかといっしょに示している。

絵を取るマシン

君が何かを見るとき、その物から来た光が君の目に入り、頭のなかに絵を作る。君はその絵から、その物の形や色についての印象を受け取る。

人間が書くことを学ぶよりも前から、私たちは絵をかくことによって、それらの印象をもう一度絵にもどしてきた。絵のおかげで、見た物や思いついたことを覚えることができるし、これらの印象や考えをほかの人の頭に入れてもらうことができる。

何百年か前私たちは、光を直接絵に変えるマシンを作りはじめた。おかげで、だれでもいろいろなものを簡単に絵に「取る」ことができるようになり、今ではこの「絵を取る」ということが、私たちが話したり伝えたりする活動で大事になっている。

光に反応する紙
紙のなかには、光が当たると色が変わるものがある。絵を取るマシンは、長いあいだこの紙を使っていた。

だが、この紙だけでは絵を取ることはできない。この紙をだれかにかざすと、その人のあらゆる部分から来る光が紙のあらゆる部分にぶつかって、紙全体がひとつの色になってしまうだろう（君が紙をその人にものすごく近づけて、紙の各部が その人のひとつの部分からしか光を受け取らないようにすればいいかもしれないが、それはあまりうまくいかないだろう）。

形
何かを絵に「取る」ためには、光をコントロールして、紙の各部が物の一カ所から来る光しか受けないようにしなければならない。

そのひとつの方法は、穴がひとつ開いたかべを使って、光の道をほとんどすべてさえぎることだ（この方法ではもとの物をひっくり返した向きに絵ができるが、それは別にいい。もういちどひっくり返せばいいだけだ）。

もっと光を
穴を使う方法はうまくいくが、小さな穴だと光は少ししか通れないので、絵が取れるほどの量の光が紙に当たるまで長い時間がかかる。

もっと光を通すには穴を大きくすればいいが、今度はほかの部分からの光が紙の上に広がりはじめて、絵がぼけてしまう。

光を曲げる
絵がなるべくぼけないようにするには、それぞれ曲げて、紙の上でそれぞれ正しい点に当たるようにしなければならない。

そのためには水やガラスのように、光を曲げるものを使うといい。

特別な形
ガラスを適切な形にけずることによって、たくさん光をつかまえ、それぞれの方向からの光を絵の正しい位置に送る、レンズと呼ばれる「光曲げ装置」を作ることができる。

これを使ったマシンは、単純な絵を取るにはじゅうぶんだが、できた絵は少しぼけていて、もっとくっきり明るい絵がほしくなる。くっきりした絵を取るには、光が進む道をもっと細かくコントロールできるように、レンズをもっと増やさないといけない。

絵を取るマシンのほとんどがガラスを使う。ガラスのほうが思いどおりの形に仕上げやすいからだ——水なんかよりも。だがコンピュータでコントロールできる、水を使ったレンズを作ろうとしている人たちがいる。うまくいけば、たくさんのパーツを使わずにレンズに形を変えさせて光をコントロールできるようになるはずだという話だ。

大型絵取りマシン
小さいものや遠くにあるものでも、くっきりした絵を取るために使うマシン。

私たちの目はたいていの絵取りマシンよりも、小さいものや遠くにあるものを見るのは得意だ。しかし、この絵取りマシンは光をたくさん取りこめる、とても大きなレンズを使っているため、人間の目よりもよく見ることができる。

どうしてこんなにたくさんレンズがあるの？
レンズはいろいろな理由で使われているが、大きな理由のひとつが、ガラスを通ったときに大きく曲がる色と、あまり曲がらない色があることだ。このため1枚の絵のなかで、色によって形がくっきりしたり、形がぼやけたりすることがある。種類のちがうガラスを通ると、色はちがう分かれ方をするので、光を何種類ものガラスを通過させることによって、ちがう色を同じ場所に送ることができる。

電気箱
絵を取っていると、電気をたくさん使うこともあるので、絵取りマシンには特別な電気箱が必要なことが多い。

メモリー
君が取った絵はここに入っている。

光集め
絵取りマシンの前の部分全体が、光を集めるためのものだ。これ全体がはずれるので、ちがう「光集め」につけかえると、ちがうタイプの絵が取れる。

絵取り窓
この窓は、絵を取るとき光受けまで光を通すために開いたり閉じたりする。絵を取りはじめると、下側の板が下がってすきまができる。光を集め終わったら、上側の板が下がってきてすきまを閉じる。2枚の板を使うのは、もし板が1枚で、それが上がって下がるというようにすきまを作ると、光受けの上半分が下半分よりも長い時間光を集めてしまうことになるからだ。

光受け
昔はこれは紙でできていたが、このようなコンピュータ絵取りマシンでは、光を感じる点がシート状に並んだものになっている。1個1個の点が、光がどれだけたくさん当たっているかをチェックして、コンピュータに知らせる。コンピュータは全部の点からの情報をまとめて、1枚の絵にする。

画面
光受けに見えているものを君に見せてくれる画面。君が取った絵も見せてくれて、どの絵を残してどれを捨てるか決めることもできる。

絵取りマシンにはこのほかに、のぞき見できる穴もあって、そこから鏡で光集めの外側の様子を見ることができる仕組みのもの（あるいは別の画面を使って、いかにもこの穴を通して見ているかのように思わせるもの）もある。

光の入口

フラッシュ
光が足りなくていい絵が取れないとき、絵取り窓が開いてあるあいだだけ、まわりに光を当てることができる。だが、この光のせいで取れた絵のなかのかげが変に見えることもあるので、なるべく使わないという人もいる。

前レンズ
ここにある何枚かのレンズで最初に光をとらえて、ほかのレンズがあつかいやすいようにまとめる。

近いか遠いかで移動するレンズ
絵に取られた物がどれくらい近く、または遠く見えるかを決める。遠くにある小さな物を見るときは前に動き、広く全体を見たいときは後ろに動く。

最後のまとめレンズ
最後に光をまとめて、後ろにある光受けの上に絵を作るレンズ。

鏡なし
昔、いい絵取りマシンはここに鏡があって、上のほうの穴からのぞくと、レンズを通して外を見ることができ、取る絵に何が写るかチェックできた。カシャッという「絵を取っているときの音」は、光を後ろにとどかせるために鏡がひっこむ音だ。

今では、画面に絵を示す絵取りマシンが増えている。

ほこり落とし窓
ほんの小さなほこりでも、絵取り窓につくと、マシンがひどい絵を取ってしまうおそれがある。小さな絵取りマシンでは絵取り窓が内部に閉じこめられているので、ほこりの心配はない。しかし、大きな光集めをはずして別のものに変えられるマシンでは、ほこりが入ることもある。ほこりが問題を起こさないように、絵取り窓の前にゆらす機能のある窓がついている。これで絵取り窓はものすごい速さでゆらすから、どんなほこりがついていても落ちてしまう（訳者注：今の絵取りマシンでは、ほこりが問題を起こすのは別のパーツらしい）。

変わり行く形
長年のあいだに、絵取りマシンの形は変わってきた。後ろの部分は小さくなったが、いい絵取りマシンの前の部分は大きなままだ。絵を保存したり電気をたくわえたりする後ろの部分の仕事は、今では小さなコンピュータがやっている。前の部分の仕事は光を曲げることで、これはまだコンピュータにはできない。

そのうち、みんなが手持ちコンピュータを絵取りマシンの後ろ部分として使い、これを光集めにつなげて絵を取るようになるかもしれない。

物書き棒

昔、人々は言葉を書くときはいつも棒を使っていた。今では、言葉はキーをおして書く。ふつうはこのほうがずっと速い。私たちは毎日、昔よりもたくさんの言葉を書いているが、書くための棒はますます使わなくなっている。一部の人々はこのような棒を、言葉を書く以外のことにまだ使っている。絵をかくことを仕事にしている人たちは、紙はもう使わないかもしれないが、ほとんどの場合、どこに線を引くか決めるのにまだ棒を使っている。（この本の絵は、紙にかいたのではないが、やはり棒を使ってかいたものだ）いつか、私たちは絵をかくのにも棒を使わなくなるかもしれない。

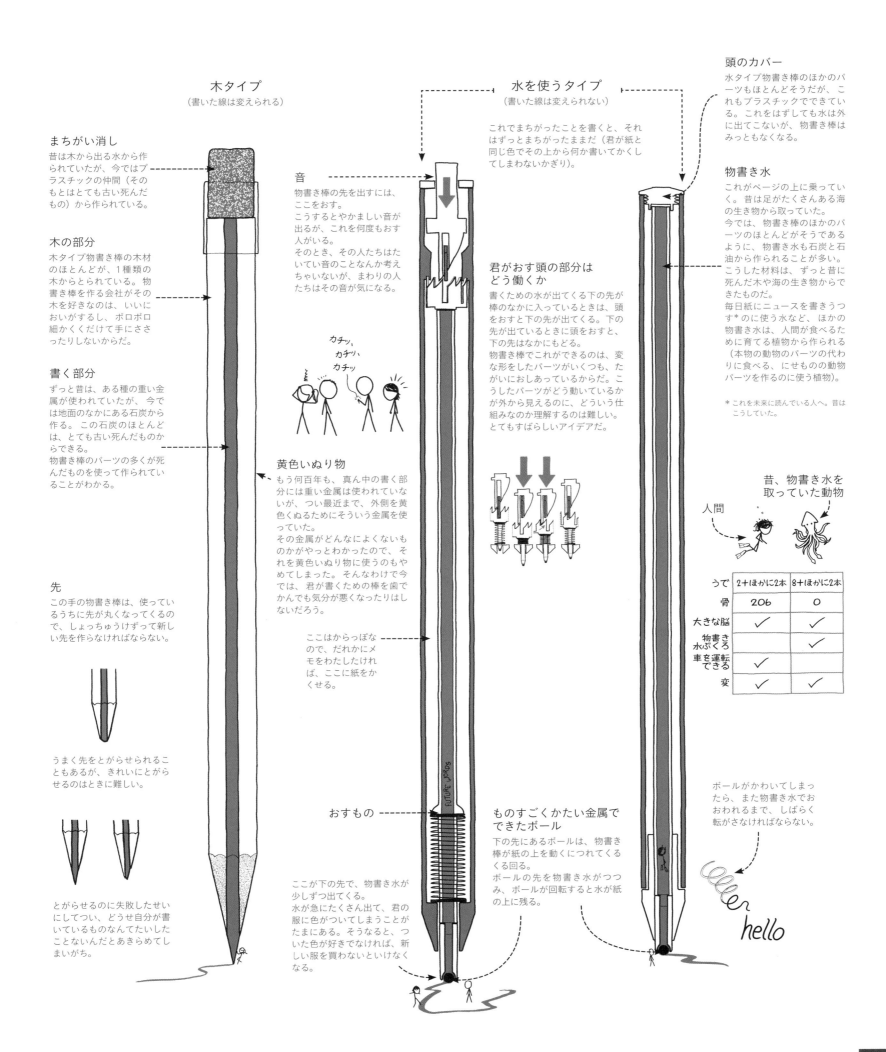

手持ちコンピュータ

このマシンは、遠くにいる人に声を出して話しかけるのに使う無線マシンとして始まった。その後、だんだんとコンピュータのようになっていった。ますますコンピュータに近づくにつれこのマシンは、絵取りマシン、音楽かけ器、そして本まで、私たちが昔持ち歩いていたものに取って代わりつつある。

顔センサー
君の顔が近くにあるとき、画面を消す。通話中、顔がキーをおしたりしないようにするため。

前カメラ

音が出るところ

大カメラ

耳につけるやつをさしこむ穴

電気キー
これをおすと、手持ちコンピュータをねむらせたり起こしたりできる。

暖かい電波の一種でほかの手持ちコンピュータと話せるもの
これのおかげで、君の手持ちコンピュータは君の家にある小さな無線マシンでほかの人に話しかけることができる。電話会社が動かしている大きな無線マシンを使うより安くすむ。

ゆらすもの
ものすごく速く回って、手持ちコンピュータを動かす金属パーツ。こうすることで、うるさい音をあまり立てずに君に気づかせることができる(かたいテーブルにのせてあるとき以外は。かたいテーブルの上では大きな雑音がでる)。

追加メモリー入れ
君の手持ちコンピュータでメモリーが使われすぎているとき(絵、音、ゲームなど)、ここにカードを入れると、メモリーにゆとりができる。
コンピュータや無線が速くなるにつれ、君のメモリーのうち会社のコンピュータにたくわえられて、君がたのんだときだけ君に送られるものがどんどん増えている。

つなぐもの
画面や無線感じ取り装置など、手持ちコンピュータのさまざまなパーツはここでまとめられ、手持ちコンピュータのほかの部分につながれる。

光
絵を取るためのもの。

電気箱をつなぐ部分

カード入れ
手持ちコンピュータの電話を使って、世界に話しかけられるようにするカードが入っている。電話は、メッセージを運んでもらうために君がお金をはらっている会社に話しかけるための無線を使って、役目を果たす。このカードを使うことで会社は、今どの手持ちコンピュータと話をしているのかがわかる。

音の上げ下げボタン
耳に聞こえる音を大きくしたり小さくしたりする。

音を理解する装置

無線話し器
会社が無線で送ってきた言葉をどう理解すればいいか、手持ちコンピュータに教えるパーツ。

電気箱

メインの考える箱

ちびの電気門番
ほかのコンピュータと同じように手持ちコンピュータも、ほぼすべてのパーツにいろいろな種類の、電気の出入りをコントロールする電気門番がいっぱいはいっている。
手持ちコンピュータのパーツを示す地図で、ちびの電気門番はこんなマークで示される。

この門番は、1本の線から電気を取りこみ、もう1本の線の様子をうかがって、電気を通すかどうかを決める。コンピュータの脳は、こうした門番をたくさんつないで作られる。
1台のコンピュータのなかには、地球の上にいる人間と同じくらいたくさんの電気門番がある。大きくてすぐ見つかるやつもなくはないが、たいていはちびで、ごくわずかなパワーをコントロールするだけだ。念のために言うと、これは電気門番の話で、人間のことではない。

方向判断装置

またたきメモリー
君が見ているページややっているゲームなど、手持ちコンピュータが今まさに考えている内容がここに入っている。
電気を切ると、ここのメモリーの内容は消えてしまう。

音の出る大きな箱
君の耳がこの手持ちコンピュータから遠くはなれていても聞こえるような音を出すパーツ。

聞くだけの箱
言葉を聞くだけの、特別なパーツ。ひとつのことしかしないので、いちばんえらい「考える箱」ほど電気を使わない。手持ちコンピュータにこれがついていれば、キーをおしたときだけではなく、いつでも君の声を聞いているようにできる。

無線感じ取り装置
手持ちコンピュータの外側のうすい金属の様子をうかがっているパーツ。無線メッセージがはいってくるとき、電気が金属に流れてくる。このパーツは電気の変化をうかがい、それを言葉に変える。
また、手持ちコンピュータが外に送りたい言葉を聞き、それを電気変化に変えて、金属に沿って送る。

かべからの電気につなぐ穴

電気管理装置
手持ちコンピュータのいろいろな部分が何をやっているのか見守り、各パーツに必要な電気が送られるようにする。

光の色

光はいくつもの波が合わさってできているが、長さのちがうそうした波が、私たちにはちがう色に見える。雨が降ると、太陽の光は小さな水のつぶにぶつかり、つぶを通りぬけるときに曲がる。どれくらい曲がるかは、光の色によってちがう。そのため、君の目にとどいている色のちがう光はそれぞれ、空のちがう場所から来ていることになる。

雨のあと空に見えるカラフルな光は、太陽の光を作っているたくさんの波が波の長さごとに、いちばん短い青からいちばん長い赤まで並んだものだ。だが、光の種類はこれだけではない！ 青と赤は、私たちの目に見える最短と最長の光でしかないんだ。

下の絵は、雨のあとに現れる光のうち、青と赤の外側まで見えたらほかにどんな色のものがあるかを示している（絵は1色だが問題ない。目に見えない光の波には色はないので、ほんとうの色というものがそもそもないのだから！）。

もっと長い光の波や、もっと短い光の波が君に見えたとしても、実際にはそれらの色がこの絵のように空に広がって見えたりはしない。その理由は3つある。
1つめ。太陽が出す光は、私たちに見える色のものと、それより少し長いもの、短いものが大部分。それよりずっと短い光や長い光にかぎって言えば、太陽の光はかなり暗く見えることになるんだ！
2つめ。こういう光の多くは水を通りぬけないので、雨のつぶも通りぬけない。
3つめ。この絵では波の長い光から短い光へと順番に並べられているが、それは、短い波（青）は長い波（赤）より大きく曲がるから。ところが、私たちには見えない光では、その逆になっていることもあるんだ！ そういうところでは、光はこの絵のように波の長さの順番には広がらない。その部分では、いちど光の波が広がったところに折り返して反対向きに、重なるようにして波が広がっていく。

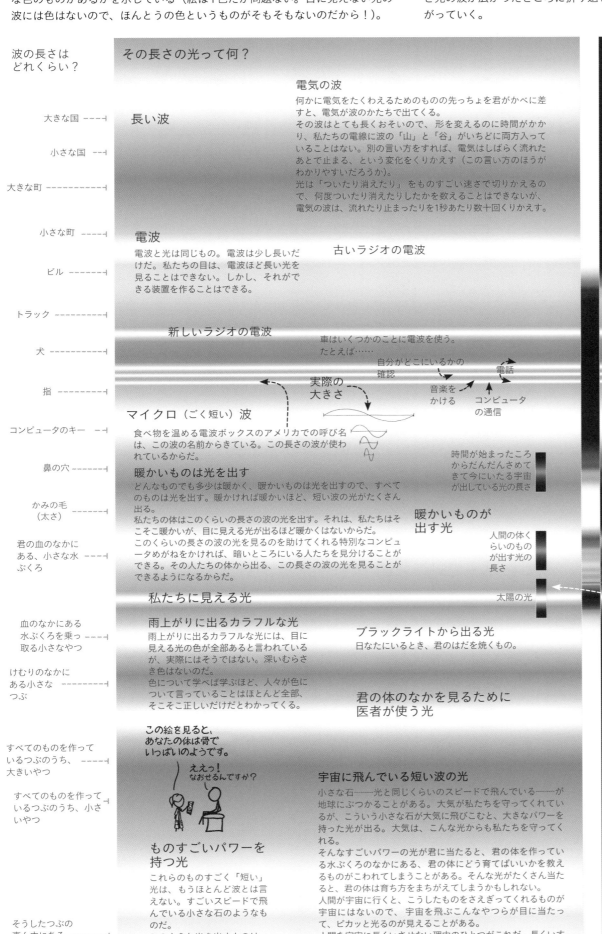

夜の空

夜、空に見えるものの一部を示している。こういったものは昼も空にあるのだが、太陽の光のせいで見えにくい。

線

人間は、近くにある星どうしを線でつないで、星の集まりを何かの形にし、その形が何に見えるかで、星の集まりに名前をつけるのが好きだ。
これは、ネコの仲間の名前がついている。

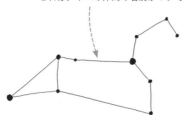

この名前をつけた人たちは、ネコを見たことなかったんじゃない？

（私にはあまりネコのようには見えないが、星の集まりは名前をつけると覚えやすい）

遠くの星たち

ものすごく遠くの星を見るとき、私たちはその星が昔どうだったかという姿を見ている。というのも、あまりに遠いので、その星からの光が私たちに届くのに何年もかかるからだ。

光は私たちに届くまでにものすごく時間がかかるので、私たちが今見ている星は、とっくの昔に死んでしまっているかもしれないよ、と言う人たちがいる。
だが、それはまちがっている。私たちに見える星のほとんどは、光がせいぜい2,300年で届くくらいのところにある。だから心配はいらない。君の星たちはきっと元気だよ！

望遠鏡の使い方

✓ オーケー　　✕ だめ
✕ だめ　　✕ 絶対にだめ
いざ勝負に！

あれ、星かな？ホタルかな？

あなたに止まったわよ。

ホタルであってほしいな。

ほかの星ぼし
私たちが見つけた地球以外の星の多くがこのあたりにある。この場所に、ほかの場所よりたくさん星があるというわけではない。私たちがこのあたりを最初に見たというだけのことだ。

〈昔話の王様〉座
〈ちょこまか走る血の冷たい〈生き物〉〉座
〈白い鳥〉座
〈楽器〉座
〈犬に似てない小さい〈生き物〉〉座
〈想像上の空飛ぶ馬〉座
〈空飛ぶ〈トカゲ〉〉座
〈息をする魚〉座

私たちの星の群れ
星は宇宙のなかで、とてつもなく大きな群れをなして暮らしている。私たちがいる群れは皿、あるいは車輪のような形をしている。だが、私たちはその中にいるので、皿を真横から見るのと同じで、この群れは空を横切る明るい道のように細長く見えてしまう。

〈魚〉座
〈小さな馬〉座
〈魚つかまえて食べるイケてる鳥〉座
〈水を運ぶびん〉座
〈刀を受けどめる板〉座

ほこり
このあたりの暗い雲は、私たちの視界をさえぎるほこりだ。

〈想像上の生き物〉座
（体の上半分が紙を食べる生き物で下半分が魚の、頭につのがある生き物のこと）

大きな音
ものすごく大きな電波の雑音がこのあたりに聞こえたことがあったが、それが何だったのかもまだわかっていない。その後その音は聞こえていない。

南にある〈魚〉座
〈石の絵かき〉座
〈空飛ぶとかげを蒸を飛ばす〉座
南にある〈かぶりもの〉座
〈すらりと背の高い鳥〉座
〈新しい世界に住んでいる人〉座
〈遠くへ旅する宇宙ボート〉2号
〈口の大きな鳥〉座

すべてのものを作っているピース

人間は昔、私たちのまわりのすべては、4種類のものからできていると考えていた。土、空気、火、水の4つだ。彼らはかなりいい線いっていたが、正しくは4種類ではなくて、120種類ほどだ。

私たちがさわることのできるすべてのもの（ただし、光のようなものは別として）は、これらのピースでできている。これまでに私たちが発見したのは120種類近くだが、おそらくもっとあるだろう。

この表ではこのピースを重さの順番に横に、また、似たところのあるピースを縦に並べている。

灰っぽい金属
この列のものは「金属」と呼ばれているが、その多くはむしろ岩やほこりに似ている。燃えやすいものが多い。

ピースを作っているピース（サブピース）
こうしたピースは、さらに小さなピースが集まってできている。種類のちがうピースでは、この小さなピースの数がちがっている。小さなピースは3種類だ。重いものが2種類と、軽いものが1種類。

この100年で私たちは、「どこ」という言い方は、すごく小さなものにはあまりあてはまらないと学んだ。

表の形
表の箱は左から右、上から下の順序に並んでいる。こんな変な形になっているのは、似たところのあるピースを縦にグループ分けしているからだ。
（同じグループのピースが似ている理由は、ピースの外側にある軽いサブピースの数—ピースの番号を決めている中心の重いサブピースの数とだいたい同じ—と、軽いサブピースがその個数に応じて外側でどう落ち着くかに関係している）

真ん中のピースの数
私たちは、ピースの中心の部分に入っている、2種類の重いサブピースの一方のものの数でピースに番号をつけ、その番号に従って表にピースを並べている。もうひとつの重いサブピースは番号づけ作業にはまったく関係ない。そのため、そちらのサブピースの数がちがうピースが表の同じ箱に入っていることもある。

短い命、変な熱
ピースのなかにはあまり長くはもたず、中心部がくだけたかけらをあちこちにまき散らしながらだんだん分解して別のピースになってしまうものもある。かけらをまき散らすとき、変な熱も出す。
こうしたピースがどれだけもつかは、その半分が分解してしまうのにどれだけ時間がかかるかではかる。これを「半分死ぬ期間」と呼ぶ。

ふつうの金属
表の真ん中のこの部分にあるピースは、ふつう「金属」と呼ばれるものだ。そのほとんどが強くてかたく、ちょっと鏡のように見える。

灰っぽい金属		ふつうの金属							
君が持ち歩く電話の電気箱に入っている金属	このこなを吸いこまないように。でないと死ぬかもしれないよ								
この一部	燃えるととても熱くて明るくなる軽いガス								
君の脳が体のほかの部分に話しかけるとき使うもの	歯を作っているもの	あまり面白くない金属	とても軽いのにすごく強いので有名な金属	物を切るマシンの歯を強くするのに使う金属	ピカピカに見えるよう、車のパーツにかぶせる金属	金属をもっと強くするために混ぜる金属のひとつ	昔、機械が作られるようになったころ、機械作りに使われていた金属	ガラスをする岩
こいつのピースのゆれる速さを見て時間をはかる時計がある	昔、ずっと北のほうでボートを助けるライトの電気を作るのに使われた	この小さな町にちなんで名づけられた金属	地球が若かったころのことを教えてくれる金属	何と呼ぶかもめたすえ、ある神様にちなんで名づけられた金属	ほかの金属にまぜる金属	この表に最初に出てくる、変な熱を出して分解する金属	あまり見つからない灰色の金属	車のけむりに使われる
重い金属から電気を作るビルがばく発すると、こいつが大問題を起こす	医者に体の中を見てもらうとき君が飲むやつ	いちばん下に示したものは、ほんとうはここになければならない。だが、もしもそうしたら表が長くなりすぎてページにおさまらないので、たいていの人はそうはしない。	一部の海中ボートのパワーの源になっている金属から出る変な熱をコントロールするのに使われる金属	電気をためるパーツに使われる金属	この線を作る金属	ものすごく速い空ボートのエンジンに使われる金属	物書き棒の先のボールに入っている金属	宇宙から岩が地球にったとき、い層に残面に残っている
20分もつやつ	これ		1時間半もつやつ	1日もつやつ	2分もつやつ	1分もつやつ	10秒もつやつ	8秒もつやつ

あまりもたないもの
表のいちばん下にあるものは、大きなマシンのなかでだけ、一度にほんの少しだけ作ることしかできない。「半分死ぬ期間」は短い。すぐに分解してしまうので何にも使えないし、どれくらいもつか以外、それについてわかることもほとんどない。

もしほかにもピースが発見されたら、ここに新しい列ができる。

新しいのが出てこないほうがいいな。一番下の列がはじっこまで行っているのがいいじゃない。

	火をおこすのに使われる金属	子どもの朝ごはんのときと同じ神様から名前をもらった小さな星にちなんで名づけられた	金属を切っているときに出る明るい光よけのメガネに使われる金属	ほかの金属をものすごく強く引きつける金属	火をこっそり持ち出した人にちなんで名づけられた金属	ここに並ぶうち、名前たどると人着く最初の（その人はあな人ではなか
	20年もつやつ	いつか電気を作るのに使うことになるかもしれない重い金属	いくつかの興味深い方法で君を殺せる金属			このなかっている

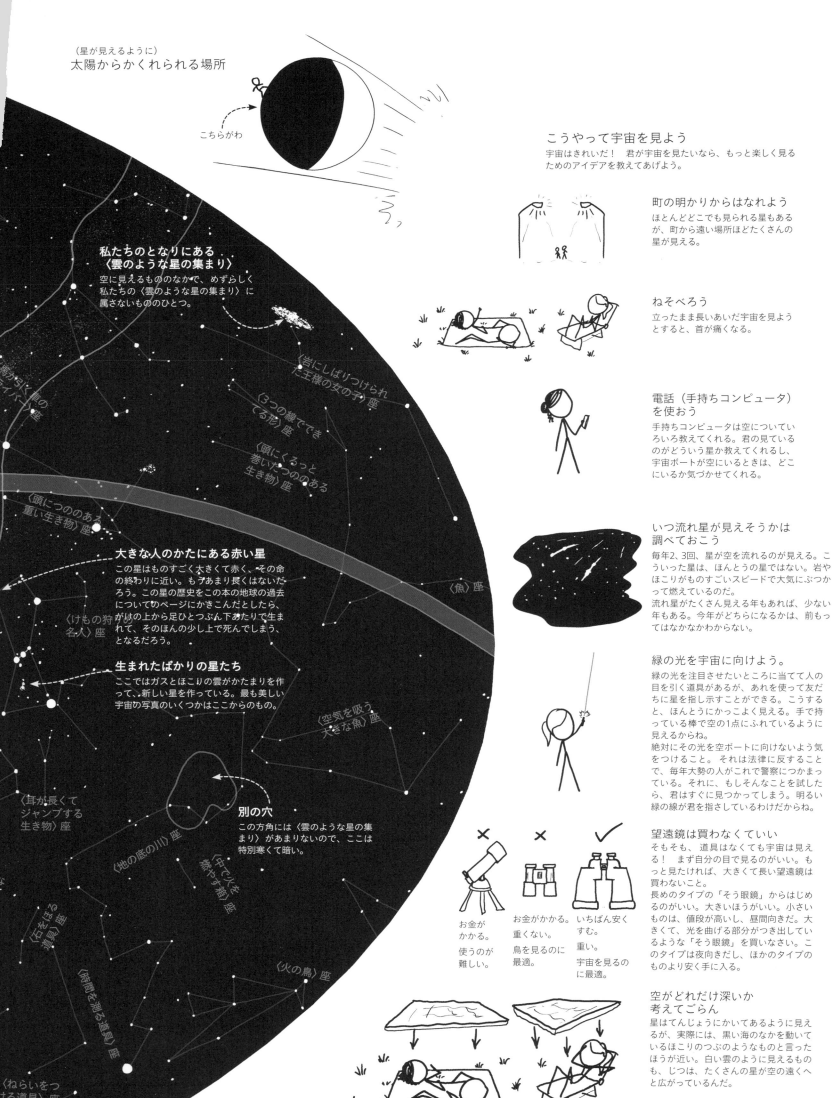

名前

この表にのっているもののなかには、ずっと昔から名前がついていたものもあるが（金など）、最近の200年ほどのあいだに見つかったものも多い。

多くのピースは、人や場所にちなんで名づけられている——特に、そのピースについて学ぶのを助けてくれた人や、その人たちが働いていた場所にちなんでのことが多い。ここにいくつか例をあげよう。

これ全部どうまとめればいいか、私が思いついたんだ。

私は、ばく発して殺すものを作った。世界をより悪くしてしまったのが申しわけなかったので、世界をより良くするためにお金を残すことにした。毎年、すごく良いことをした人たちに、私のお金が少しわたされる。彼らは、私の顔がついた金のメダルももらうんだ。

私はこれらを発見して、あの人の顔がついた金のメダルを2つもらったわ。

私はある地域です！ここに並ぶピースのことを人間が初めて学んでいたとき、ここにいた人たちが世界の大部分を支配していました。だから、今みんなが使っている名前の多くは、ここから来ているのです。

私は、その地域の北にある小さな町です。この表のなかで4つものピースが私にちなんで名づけられています。

金属ではない

この表の右上にあるものは、金属ではない。その多くが、おたがいに共通点がない。ガスの形をしているものが多い。ガスではなく、岩や水のように見えるものもあるが、それらもすぐにガスになることが多く、あまり強くない。

線

「金属」と「金属ではない」ものとを分ける線はどこなのか、人々は細かいところでは意見が分かれている。しかし、だいたいこのあたりから右下へとのびている。

ガス、水、火

このエリアにあるものは、いろいろなことをする。これらのものを表の反対側のはしこにあるものに近づけると、さまざまな種類の水になったり、火を出したり、すべてのものをばく発させてしまうようだ。

静かなガス

表のこちらのはじは、とても静かだ。これらのガスをほかのものといっしょにしても、これらのものは何も気づいていないように見えることが多い。

このなかのガス

星を研究している人たち

星を研究している人たちは、この線より下のものを全部「金属」と呼ぶ。それはちょっと変な感じがする。

だが、星はほとんどこの線より上のものだけでできているので、星を研究する人たちがほかのものをあまり気にしないのもまあうなずける。

			台所のコップを熱くなっても割れなくするもの	知られているすべての生き物を作っているもの	空気にふくまれるもののうち、吸わなくても死なないもの	空気にふくまれるもののうち、吸わないと生きていけないもの	緑色の燃えやすいガス。人が死ぬこともある	色のついた光で作ったサインのなかのガス
		この金属	砂浜やガラス、コンピュータの脳を作る岩	燃える白い岩		くさい黄色い岩こういうにおい	水のなかで悪いものが増えないようプールに入れるもの	たいして何もしないガス
地球の真ん中にある灰色の金属	電気や声を運ぶのに使う茶色い金属	昔、茶色い金属をもっと強くするのに使われた金属	水みたいになりやすい金属で、飲み物のかんにつくと、かんが紙のように破れる（今はほかのいろいろな目的で使う）	この場所にちなんで名づけられた金属	食べると死ぬことで最も有名な岩	あるタイプの電気を別のタイプの電気に変えられる岩	赤い水	目を切るのに医者が使う、細くて明るい光を作るのに使うガス
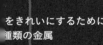をきれいにするために 重類の金属		人間を病気にするとわかるまでぬり物に使われていた金属	暖めてパーツをくっつけるのに使う銀色の金属	食べ物のかんにぬって、水でかんに穴があかないようにする金属	燃えにくくするために物にまぜる金属	いろいろなところで見つかる金属。ただしたいがい地球じゃない	よその国で、脳がちゃんと育つようにこれに加えているもの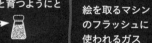	絵を取るマシンのフラッシュに使われるガス
岩かす地属	みんなが金と同じくらい高いお金を出す岩	金色をしている	動物を殺すのに使われていた金属だが、あまりにうまく殺せるので今では使われていないこれ	重いことで有名な金属	カッコいい小さな町のように見える金属	これ	どんどん分解してなくなってしまうので、はっきり見た人はだれもいないやつ	家の下の岩からやってきて、君を病気にするかもしれないガス
	10秒もつやつ	この2つは30秒もつ	1分の3分の1もつやつ		3秒もつやつ	1秒の3分の1ももたないやつ	この2つは、君がまばたきしているあいだに半分になる	音が30センチ進むあいだに半分になるやつ

お金になる金属

ここにまとめられているものの多くを、私たちはお金として用いている——いちばん下の列のものはあっという間になくなってしまうから別として。

（お金のことにくわしい人のなかには実は、時間がたつとなくなってしまうようなお金を使うほうがいいんだ、と言う人もあるが、その人たちだって、これほどあっという間になくなってしまうようなものを考えていたんじゃなさそうだ）

いい気分

これは、小さな町みたいにみえるこの岩を材料のひとつとしてつくられる。食べ物を口からもどしそうになったりしたとき、これを少しのめば、気分がよくなるかもしれない。

 まったく世界のあちこちで見つかってるよね……！

このあたりにちなんで名づけられたやつ	ふつうより少しだけ温度が低くなるとほかの金属を引きつける金属	この小さな町にちなんで名づけられたもうひとつのやつ	「近づきにくい」という意味の名前の金属	この場所にちなんで名づけられた金属	この小さな町にちなんで名づけられたさらにひとつのやつ	ここの人たちが、こちらの人たちを呼んでいた名前にちなんで名づけられた	ここはいい町だっていうのはまちがいないだろうが、いいかげんにしてほしいなぁ	この場所にちなんで名づけられた金属
私たちの家が火事になったときに教えてくれる箱のなかに入っているもの ここにちなんで名づけられた	彼女にちなんで名づけられた	この場所にちなんで名づけられた	この場所にちなんで名づけられた	彼にちなんで名づけられた	重い金属から電気を作るビルの第1号を作った人にちなんで名づけられた	この人にちなんで名づけられた そもそも私が考えたのに	彼にちなんで名づけられた金属	数分しかもたないやつ

私たちの星

太陽は星だ。ごくふつうの星だが、ほかの星よりも明るく見えるのは、近くにあるから。太陽はとても明るいので、太陽の光が地球でさえぎられているときしか、ほかの星を見ることはできない。

星は、ガスの雲がぎゅっと強くおし縮められて燃えはじめたものだ。太陽のガスは地球ができる少し前からずっと燃えていて、この先もそれと同じぐらいのあいだ燃えつづけるだろう。燃やすガスがなくなってしまったら、太陽はほんのしばらくのあいだものすごく大きくなり、たくさんの熱をふき出して、やがて全体が縮んで小さな重いボールになり、そのあとでゆっくり冷えていくだろう。

太陽のまわりのガス

太陽も地球と同じようにまわりにガスがあるが、太陽の場合は、ガスの下にかたい地面はない。中心まで、ガスがどんどんこくなるだけだ。

太陽のまわりのガスはとても熱く、太陽の内側でさえ、このガスほど熱くない部分があるくらいだ。これはとても変なことだ。なぜそうなのかはよくわかっていない。

中心

太陽の重さのほとんどが中心に集まっており、ここで特別な火が生まれる。この特別な火は、ガスをとんでもなく強く、ギュギュッとおし縮めないことには生まれない(この火が、街を焼きはらうマシンのなかでも一番大きなもののパワーになっている)。

光が熱を運ぶ層

太陽の中心のまわりでは、熱いガスが上がってくることはない。熱いガスが上がるのはその上に冷たいガスがあるときだけだが、太陽の中心の近くでは、**すべての**ガスが熱いからだ。この部分では、熱は光によって運ばれる。君の顔に光が太陽の熱を運んでくるのと同じように。

光は曲がりくねった道にそって太陽のなかを進む。その道はとても長く、表面に出てくるまでにとても長い時間がかかる──人間の一生の何百倍もの時間になることもある。

黒い点

太陽の表面に、暗くて冷たい点が現れることがある。これは太陽の表面を流れる電気のせいだ。火のあらしの大きなものは、黒い点のある場所で起こることが多い。

熱いガス

太陽の中心で燃えているガスは、光と熱をあらゆる方向にまきちらしている。太陽の内部のガスは中心に向かって落ちようとしているが、光と熱がそれをふきとばしている。

太陽の表面の近くでは、ガスがゆれたり、上がったり、ひっくりかえったりして、熱を表面に運んでいる。コップ一杯の水を温めるときと同じように。

太陽の中心でおこる火が、ガスを暖める。ガスは上がったりひっくりかえったりして、熱を表面に運ぶ。そこから熱は、外の宇宙に送り出される(大部分は光として)。ガスの一部はふき飛ばされるが、そのほとんどは(宇宙に出たおかげで冷やされるので)太陽の表面に落ちてきて、また熱くなる。

火のあらし

太陽のなかのガスは、動きながら電気を作る(鉄を引き寄せる石のそばで輪にした金属の線を回すと、その線に電気が流れるのと同じように)。電気が太陽の表面を流れることもあるが、そうやって起こる電気によって、太陽の火の一部が宇宙にふきとばされる。この「火のあらし」は電気を持っていて、地球に届くと私たちのコンピュータや、電気を送るシステムをこわすことがある。

どのくらいの熱なのか?

この火はとても熱いが、じつのところ、かなりゆっくりとしか新しい熱を生み出さない。太陽の中心にあるガスは、同じ大きさあたりでどれくらいか、と考えた場合、血が冷たい動物の体から出るのと同じくらいの熱しか作らない。

それなら大したことないなと思うかもしれないが、太陽はとても大きい──そしてまわりを分厚いガスでくるまれている──ので熱がどんどんたまり、どんな動物よりも熱くなる。

星はなぜ生まれるのか

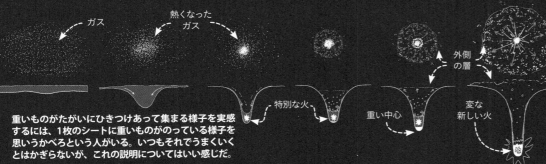

重いものがたがいにひきつけあって集まる様子を実感するには、1枚のシートに重いものがのっている様子を思いうかべろという人がいる。いつもそれでうまくいくとはかぎらないが、これの説明についてはいい感じだ。

ガスの雲

宇宙のなかで星が生まれるときには、まず、ガスの雲ができる。この雲はいつも動き、おし、中で波が進むのを感じている。ちょうど海の表面のように。

やがてひとかたまりのガスがギュッと縮まって、自分の重さでまとまろうとする力が、ガスを散らそうとする力より強くなる。

ガスはまとまるにつれ、熱くなっていく。この熱はガスをまとまらせようとするすべての力に対し、おし返す力となる。

しかしこの雲のなかではその熱も、ガスが自分の重さでまとまろうとする力にはかなわない。そのためガスの雲はどんどん小さく、熱くなる。

特別な火

ガスはこうしてどこまでも小さく、熱くなっていくように思える。だが、そこそこ熱くなると、新しい種類の火が発生する。

ガスが十分な強さでおし縮められると、ガスを作っているピースどうしがくっつきはじめる。そうなると、集まったピースはたくさんの光と熱を出す。これは人間が作った、街を焼きはらうマシンの最大のもののパワーになる熱と同じものだ。

ガスの雲が十分熱くなるとこのような火が生まれ、それが燃えているところからものすごい熱がふきだす。この熱い風は、ガスをおし縮める力と同じくらい強い。だから、ガスはさらに小さくなるどころか、もう小さくはならない。これが星の誕生だ。

外へ散らす力と中へおしこむ力は、おたがいにおさえあう。星が少し縮まると、火がもっと熱く燃えるようになり、星は再び外へ広がる。

太陽のような星は、とても長いあいだ──そのまわりを回る「わく星」という、自分では光らない星や、生き物が現れるのに十分なあいだ──燃えていられるだけのガスを持っている。しかし、いつまでも燃えつづけることはできない。

新しいガス

星がガスをおし縮めながら燃えつづけると、新しい種類のガスができる。このガスは最初のガスほどよく燃えないので、燃えずに星の中心に集まる。新しいガスの重さで星はぎゅっとおし縮められ、火がもっと熱く燃えるようになる。この、ものすごく熱い火からの風が、星の一部をさらに遠くへふきとばす。こうして星はゆっくりと大きくなっていく。

燃やすガスがなくなってくると、中心はさらに小さく縮み、新しい種類の火がおこって、その火で外側の層がさらに遠くへ飛ばされる。

こうして火がとんでもなく大きくなる……そして火が消えかかると、星の重さにもちこたえる力がなくなり、星は自分の中に落ちこみはじめる。

地球の終わり

太陽がものすごく大きくなるとき、そのふちが地球にとどき、地球は太陽に落ちて燃えつきてしまうだろう。だが、君は今このことを心配する必要はない。太陽が死んでも生きつづけたいなら、その前に考えるべき問題がたくさんある。地球が太陽にのみこまれるのを心配するのは、君が立っているところにいつか木が生えるのを心配するようなものだ。

最後の火

死につつある星は、内側に落ちていきながら、それまで以上に熱くなる。この熱のなかではそれまでは燃えなかったものまで燃えはじめ、新しい変な種類のガスができる(地球上にいる私たちが作られているものの大部分は、こういう火から来ている)。この最後の火からすごい熱と光があふれ出て、しばらくのあいだ、その星は宇宙全体でいちばん明るくなる。

残されたもの

そのときの熱で、星の大部分が宇宙へとふきとばされる。ときどきその残りが集まって、かたまったガスの白いボールになって明るく光りながら、ゆっくりと冷えていくことがある。太陽もいつかそうなるだろう。

太陽よりも重い星の場合、重すぎて、きっとここでは止まらない。かたまったボールは重さで自分のなかに落ちつづけ、やがて光まで引きこむほど強力になり、宇宙には〈黒い穴〉だけが残るはずだ。

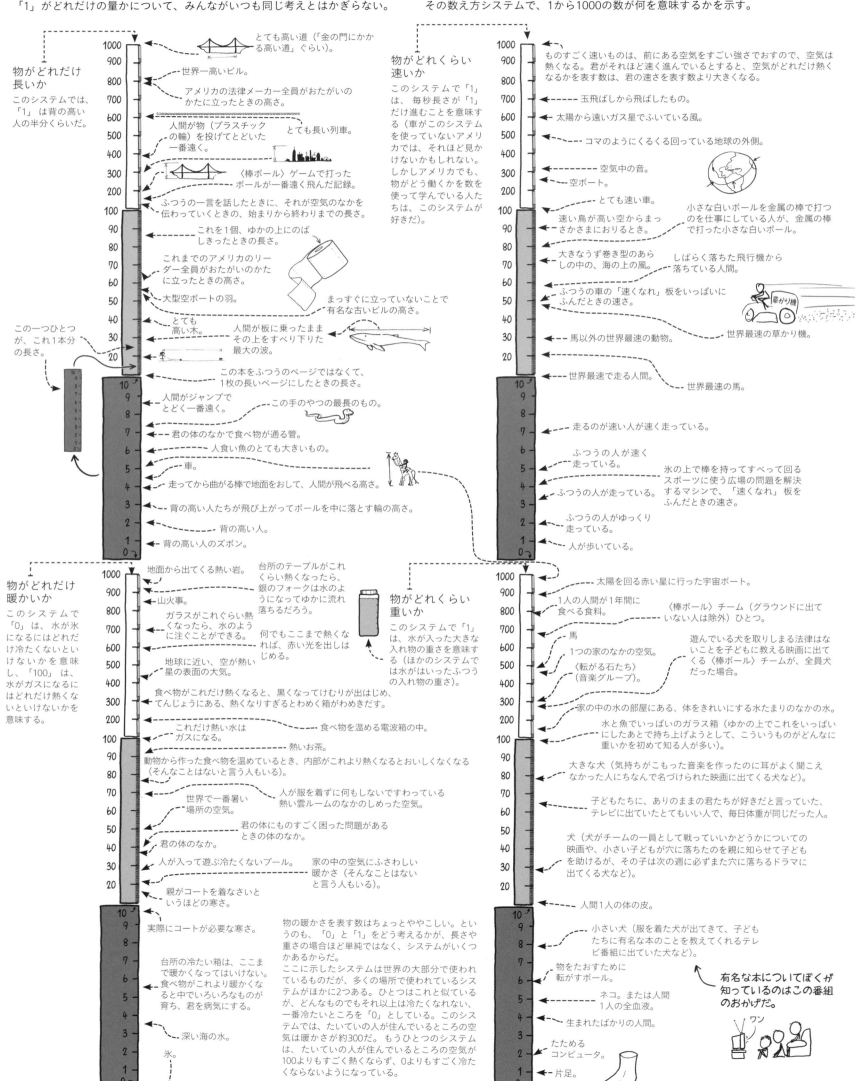

人を助けるための部屋

私たちの体のなかではいつも、ちょっと具合の悪いことが多少は起こっているが、体はトラブル解決がなかなか得意だ。パーツはこわれるけれど、私たちの体は新しいパーツをどんどん作っている。小さい生き物が私たちを病気にしようとするが、私たちの体には小さなマシンのグループがいっぱいあって、あちこち飛びまわりながら、私たちの体にもともとあったのではないものを見つけては、それを外へ捨ててくれている。こうした問題はふつう、私たちが気づきもしないうちに解決されてしまう。

だが、月や海の底など、ほかの人たちとマシンの助けなしには行けないところがあるように、体にも、ほかの人たちとマシンの助けなしには解決できない問題がある。

私たちが病気のとき、つまりどこか調子が悪くなったとき、このようなマシンがたくさんある部屋に行って、医者に話し、必要なことをして助けてもらわないといけないこともある。

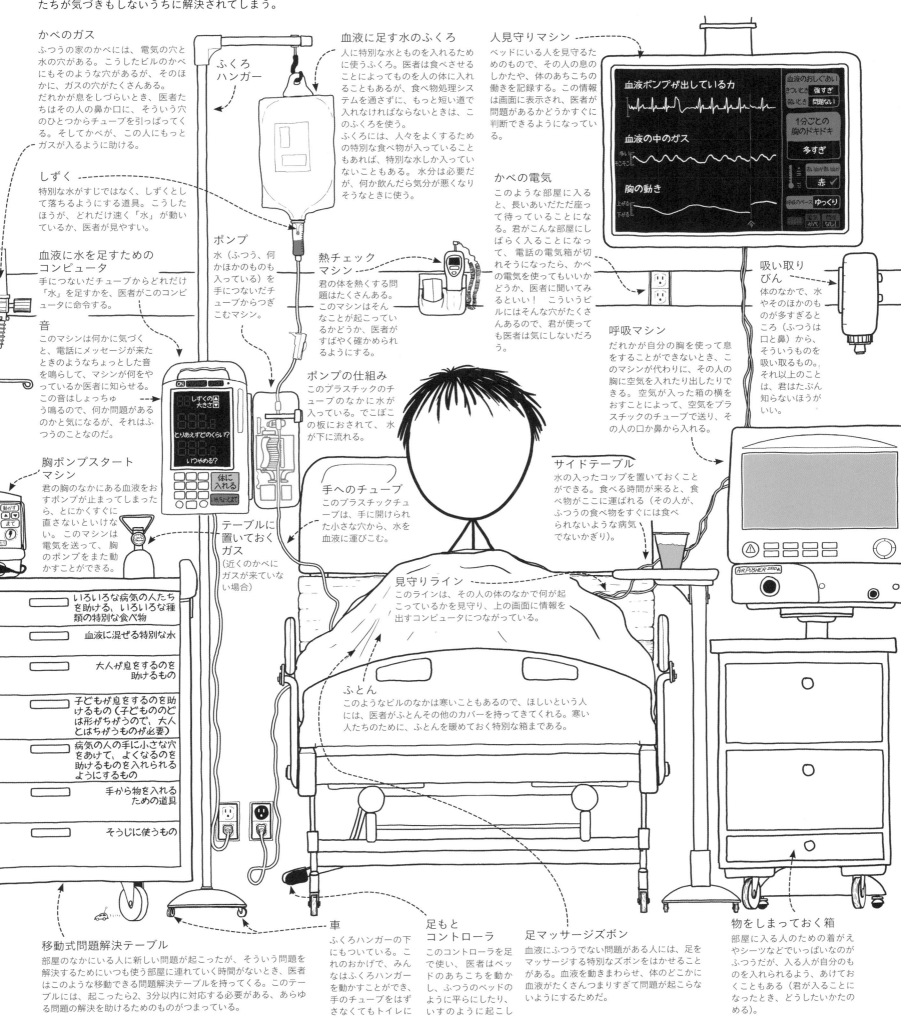

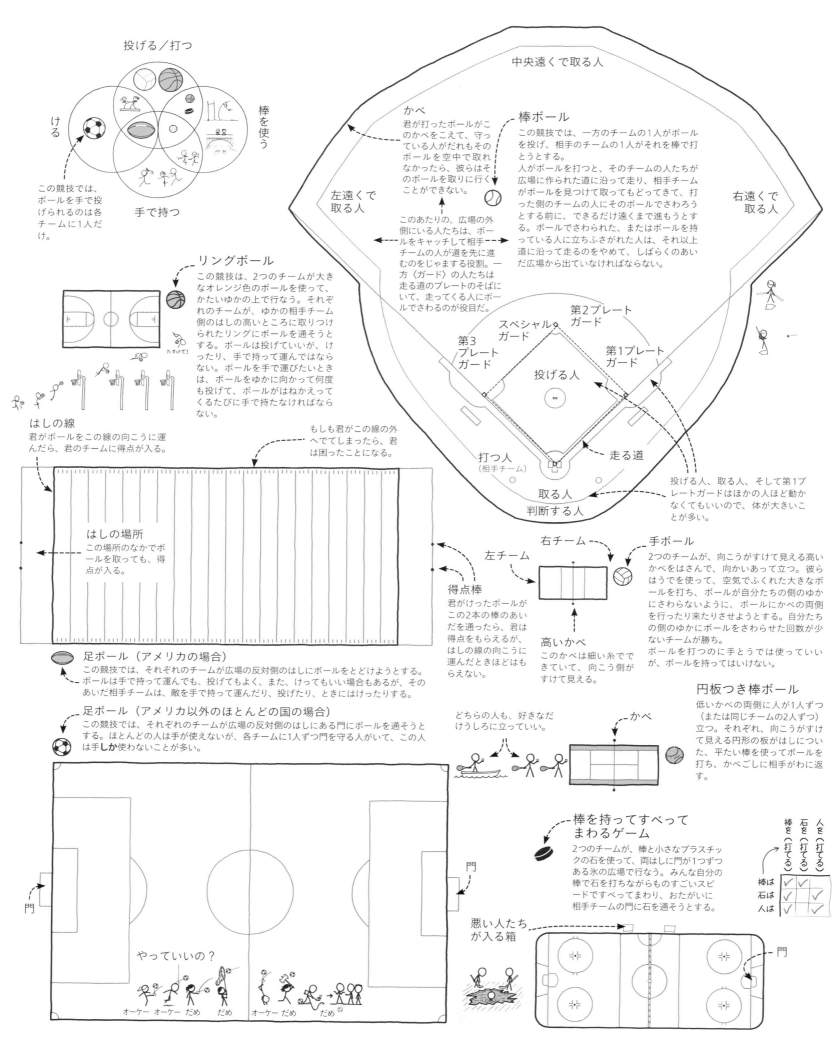

地球の過去
地球でこれまでに起こったすべて* *ほんとうにすべてというわけではない。

私たちは、岩から地球の歴史を学ぶ。岩はいくつもの層からできていて、世界のいろいろな場所の層（古さはまちまち）を見ることで、世界が始まったころまでさかのぼって、ひとつの歴史をまとめあげることができる。

下は1年を同じ長さで表して、地球の歴史全体を一組の層で示した絵だ。実際には、こうした層が全部ある場所などどこにもないし、また地球の歴史の一番古い部分には層がそもそもまったくない。

人間が初めて書いたり町を作ったりできるようになってからの人間の歴史のすべては、紙1枚くらいのうすい層でしかない。

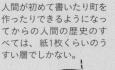

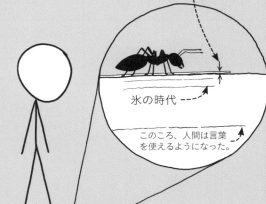

今

気をつけて！

宇宙から来た岩が地球にぶつかる
大きな岩が地球にぶつかり、たくさんの動物が死んだ。鳥、一部の魚、そして私たちの祖先など、一部のグループは生き残った。

鳥の時代
この時代、よく知られている動物たちの大きなグループがいた。この仲間で今も生きているのは鳥だけだが、昔はこのグループから首が長い大きな動物や大きな歯を持った動物など、ほかの動物がたくさん現れた。

鳥の時代

木の時代

大量死
このときほとんどすべてのものが死んだが、その理由はよくわかっていない。大気と海で不思議な変化がたくさん起こり、また、このころ地面から熱い岩が大量にわき出して、層になって陸の大部分をおおった。そんなわけで、何が起こったにしろ、かなりひどかった。
「大量死」というのは、やさしい言葉でむりやり作った呼び方みたいだが、そうじゃない。まじめな先生が使っている言葉だ。

生き物が大きく、変になる
このころ、大きな動物が現れはじめた。このころの岩を君が見つけたら、なかには変なものがいっぱい見つかる。

すべてが冷たくなる
このとき地球はほんとうに冷たくなり、天部分が氷におおわれた。いつもは暑い真ん中あたりまで氷が来た。

陸がくっついたり割れたりする
今、地球の陸は5、6個の大きな部分に分かれていて、あいだに水があるが、そうなる前は陸はすべてひとつにくっついていた。陸はこのようにくっついたり分かれたりを何度かくりかえしたらしいが、それが何度だったかはまだはっきりしない。

単純な時代
長いあいだ、生き物はとても単純だった。動物はいなかった。ほとんどの生き物は小さく、1個の水ぶくろだけで動きまわっているか、たくさんの水ぶくろが大きなグループを作って、海底で積み重なってだんだん大きくなっているか、どちらかだった。

大気がものすごく変化する
このころ大気が変化した。太陽の光を取りこみ、新しい種類のガスを出す生き物が現れた。この新しいガスでたぶんほかの生き物はほとんど全部死んでしまい、このときに初めて、火というものが現れた。だが、このガスは私たちが息をするのに必要な種類のものなので、私たちにとってはいいことだった！
木や花は、このころに現れた生き物と同じ方法で息をしている。木や花のなかにあって、これらのものが太陽の光を取りこめるようにしているもの——葉っぱを緑にしているもの——は、大気を変えた生き物の子孫だと考えられている。

宇宙から来た岩が地球にぶつかる

宇宙から来た岩が地球にぶつかる

赤い金属のすじ
むかし、ある金属が海の水全体にとけていたことがあった（今の海全体に、私たちが食べ物にかける白いこながとけているのと同じように）。
大気が変化したとき、海水も変化した。その金属は赤くなり、海にしずんだ。やがてその金属は岩のなかに美しい赤いすじをたくさん残した。
私たちはこの層にあるその金属を使って、機械やビルなどを作っている。

たくさんの岩が宇宙から飛んできてぶつかった
月の表面にあるくぼみのほとんどは、このころできたようだ。だとすると、そのころたくさんの岩が宇宙を飛びまわっていて、星にぶつかっていたのだろう。
そうした岩は、太陽から遠い大きなガスわく星から、私たちのほうに飛んできたのかもしれない。それらの大きなわく星が、太陽のまわりを回る道がだんだん決まってくるにつれ——そのあいだに場所を変えてしまったわく星もあっただろう！——、それらの星が引っ張る力のせいで、周囲の岩が進む道が変化して、そのいくつかが地球にぶつかったのかもしれない。
岩が月にぶつかったのなら、きっと地球（や近くのほかのわく星）にもぶつかっただろうし、また地球の陸をとかして液体のようにし、海をガスにしてしまったかもしれない。

宇宙から来た岩による大量死

鳥の時代

私たち——そしてイヌやネコも入るが、鳥や魚は入らない——の祖先にあたる動物のグループは、宇宙からの岩がぶつかってから大きく優勢になっていった。

氷の時代
このころ、人間は言葉を使えるようになった。

最初の生き物のしるし
最初の生き物が残したしるしがこのあたりの岩にある。生き物がもとになってできたにちがいない黒い石（物書き棒に使われているものの仲間）がいくつか発見されている。
しかし、この時代の岩はとても少なくとても古いので、確かなことはわかっていない。

もっと古い生き物？
生き物はすべて同じひとつの家族に属していて、私たちを作っている水ぶくろに保存された情報は時がたつにつれて、動物が子どもを生みその子どもがまた子どもを生むなかで、変化していく。生き物の水ぶくろに保存された情報を見ることによって、生き物どうしが共通する祖先を持っていたのはどれくらい昔なのかを、博士たちはつきとめることができる。
共通の祖先がどれくらい昔にいたかをつきとめようとするなかでときどき、それはたくさんの岩が宇宙から飛んできたころよりも昔だという答が出てくることがある。
しかし、海がガスになり岩が燃えたとするなら、どんな生き物にしろ、どうやってそれを生きぬいたというのだろう。

地球ができた
地球は太陽やほかのわく星と同じ雲から、ほぼ同じころにできた。地球はできてすぐは熱かったが、あっというまに冷えてしまったようだ。というのも、すぐあとに水が存在したというしるしが見つかっているから。

月ができた
まだできつつあったこのころの地球に別のわく星がぶつかって、このときばらばらに飛び散った岩が月になったと考えられている。

よくわからない時代
この絵では地球が始まったときまでさかのぼって岩の層が示されているが、実際には、この時代の前から残っている広い岩の層はあまりなく、それがどんなものだったかはよくわかっていない。少なくとも岩の一部には海があったと思われるが、どんな海だったかはわからない。

61

命の木

（私たちが知っている）すべての生き物は、同じひとつのグループに属している。私たちはみんな、元をたどれば、地球ができて間もないころに現れたひとつの生き物から来ている。その生き物は大きくなり、子どもを作り、長い年月のあいだに変化した。人間、木、草、そして花はみんな、その最初の生き物の子どもだ。

生き物がもっとたくさんの生き物を生み出していくにつれ、彼らが子孫にわたす情報は変化し、古いものとは少しちがう新しいものをもたらす。これらの小さな変化がやがて、ひとつのものから生まれたのに、まったくちがった生き物をたくさん作り出す。この木は、いろいろちがった種類の生き物がおたがいにどう枝分かれしてきたかを示している。

この木はすべての生き物を示してはいない。それどころか、そのごく一部でしかない。君がたぶん知っているだろう生き物が、命の木のどの枝に属しているか示しているだけだ。

出発点
これが知られているすべての生き物の出発点だ。ここで、親から子へ情報を送るつぶがどういうわけか、たくさん集まって水ぶくろのなかに入った。その水ぶくろは自分と同じものをいくつも作りはじめた。どんなふうにしてそんなことが起こったのか、私たちにはわからない。それは、人間たちが答を出そうと取り組んでいる最大の問題のひとつだ。

???
ここで何と何がいっしょになったのか、まだ調べているとちゅうだ。

2つのグループ
はじめのころ、生き物は大きく2つの枝に分かれた。どちらの枝の生き物たちも水ぶくろ1個でできていて、とても単純だった。
この2つの枝にいる生き物たちは、とてもよく似ている——それぞれが命の木のちがう部分からのものだとつきとめるのに、しばらく時間がかかった。

第3グループはどんなふうに始まったか
あるとき、たぶん地球が今の半分くらいの年だったころ、こうした水ぶくろの中に、別の水ぶくろを食べたところ、食べられた水ぶくろがなかに住むようになったものが現れた。
2つのグループがひとつになった、この新しい生き物は、第3のグループとなった。やがて、このグループの小さな生き物たちはくっつきあって、より大きな生き物を作りはじめた。木、ハエ、人間など、2個以上の水ぶくろでできた生き物たちは海から大気まで、そして私たちの体や食べ物の中まで、どこにでもいる。中には地面のずっと深くで見つかるものもある。そこで岩や金属を食べているのだ（こういう生き物が発見されるまで、生き物にそんなことができるとは、私たちは知らなかった）。

この木は何の役に立つのか
この木を使えば、生き物がたどってきた道を確かめ、ある生き物がほかの生き物とどれくらいちがっているか見当をつけることができる。私たちの道から早く分かれた動物は、あとで分かれた動物よりも多くの点でちがっている。おばさんやおじさんは、お兄さんやお姉さんよりたくさんの点で君とちがっているのと同じだ。
こうしたグループのあいだの関係にちょっとびっくりさせられることもある。鳥と人間は、私たちが家で飼っている魚と人間よりたがいに近い。これについてはまったくそのとおりと思える。だが、こういう魚は、ときどき人間を食べる大きなかみつき魚よりも人間に近い。これは変な感じだ！

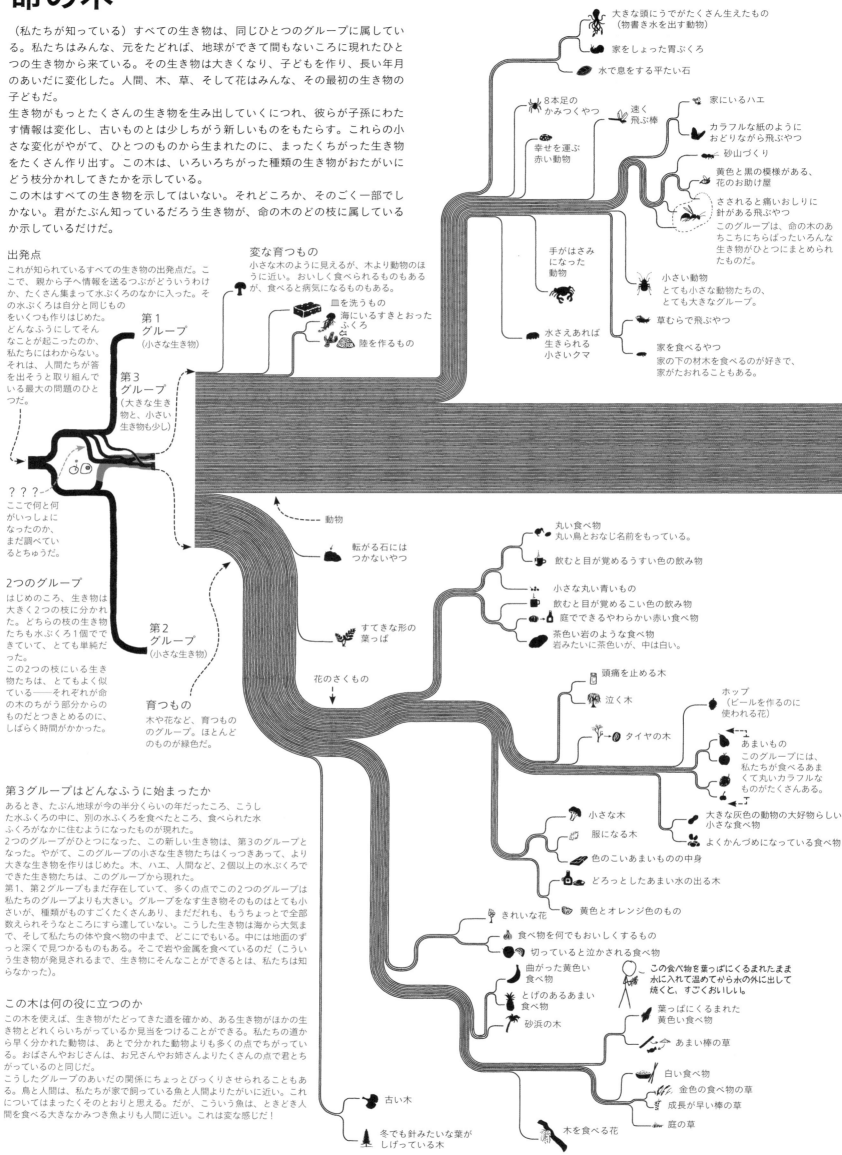

骨のある動物
命の木のこのあたりにいる動物たちは、体のなかに骨がある。ほかのあたりにいる動物のなかにも体にかたいパーツのあるものがいるが、そういう場合はたいてい、体の外側にある。このあたりの動物たちは内側に骨があり、そこにやわらかいパーツがぶらさがっている。

大きなかみつき魚
ときどき人間を食べることもあるが、それほどしょっちゅうではない。

ふつうの魚
（このなかにもかみつくものがいる）

水辺でジャンプするやつ

長いしっぽのある水辺ジャンパーもどき
水辺でジャンプするやつに似ているが、長いしっぽがあり、ジャンプしない。

毛のある動物
私たちはこのグループに属している。このグループの動物はふつう毛があり、赤ちゃんが飲む白い水を作り、卵は産まない。

変な動物
この動物はネコのようにも、魚のようにも、鳥のようにも見える。ほかの毛のある動物たちと早く分かれたのでずいぶんちがっていて、変だ。

人魚もどき
人魚のようにはとても見えないが、むかし人々はそうだと思いこんでいた。

灰色で大きな、うでのような鼻をした動物

ゆっくり木にのぼる動物

かたい皮がある、丸まる動物

動物を食べる動物
これらの動物はふつう、ほかの動物を食べる。主に2つの種類がある。ネコ型とイヌ型だ。（ネコとイヌは、もちろんこのグループに属しているが、クマなどのほかの動物もこのグループだ）

イヌ型
- 体が長くてかむイヌ
- くさいイヌ
- 川イヌ
- 海イヌ
- クマ — イヌの仲間
- イヌ（人間の友だちではない）
- イヌ（人間の友だち）
- 小さいイヌ
- ちびできゃんきゃん言うイヌ

ネコ型
- 雪ネコ
- ぶちのあるネコ（〈古い世界〉と言われる場所にいる）
- 大きなネコ
- しま模様のネコ
- ぶちのあるネコ（〈新しい世界〉と言われる場所にいる）
- 家にいるネコ
- 笑うネコ
- すばやいネコ
- ヤマネコ

ネコの仲間
このネコにはいくつも呼び名がある。どれも同じ動物のことだと知らない人がたくさんいるが。

ほとんどネコ
首の長いネコとしか言えないような動物で、ネコの仲間に入らないものの中では一番ネコに近い。

いっぴきほしいな！
ミューン？

羽なし鳥
この生き物はあの、家の食べ物をかじる小さいやつに近いと思っている人が多いが、じつはむしろ、大きな息をする魚やウマに近い。

- 私たちが食べるピンクの動物
- 首長
- 大きな食用動物
- 林のランナー
- 川でおこっている動物
- 砂の多いところのウマ
- 肺で呼吸する魚（ほんとうの魚ではない）
- ウマ
- バーコードウマ
- 灰色で顔につのがある、トラック顔負けの動物

体の熱
このグループの動物たちの多くは、必要な熱のほとんどを自分の体からではなく、まわりの世界からもらっている。世界が寒くなると、彼らも冷たくなる。
このグループの動物すべてがそうだというわけではない。鳥など一部のものたちは、私たちと同じ方法で自分の体を暖かく保つ。

赤ちゃんをポケットに入れる
この枝の動物の多くは赤ちゃんをポケットに入れ、そのなかで栄養をあたえる。

赤ちゃんに栄養をあたえるふくろ
このあたりの動物は、赤ちゃんが生まれても、栄養ぶくろで赤ちゃんとつながっている。

- 夜ゆっくり歩くやつ
- 顔かみつきイヌ
- ポケットがあってジャンプする動物
- 血が冷たいかべ歩き
- 手足がない長いかみつき動物
- 手足があるのろまの石
- 水に浮かんだ木のように見える動物……でも、君を食べるかもしれない。

鳥の祖先の一族
鳥は、とても有名なある一族の生き残りだ。この一族のなかに、これまでに現れた最大の陸にすむ動物がいた。
彼らは生きのび、大きなグループになって、とても長いあいだに変化していった。宇宙から来た岩が地球にぶつかったとき、そのほとんどが死んでしまったが、少し残ったグループの先祖がいた枝を「鳥」と呼ぶ。
鳥はたしかにそのグループから生まれたが、今はそのグループには属していないと言う人がいる。だが、その人はまちがっている！ どう考えても、鳥はそのグループの生き物だ。

- ✗ つのがあるやつ
- ✗ 板があるやつ
- ✗ かみつくやつ
- ✓ 鳥
- ✗ 長いやつ

前歯が大きい動物
- 家の食べ物をかじる小さいやつ
- 川をせきとめるやつ
- 木でジャンプする灰色のやつ
- とげとげネコ
- 耳の長いジャンプするやつ

手を使う動物
このあたりの動物は木などにのぼるのがうまい。私たちはこのグループに入っている。

- 手をついて歩く大きいやつ
- 手を使う、友だちになれそうな動物
- 棒も使う、手を使う動物
- 人間
- うでが強いやつ
- 木にのぼる小さいやつ

人間型
このグループには、君の手より小さな動物もいるんだ！

ここにあげたのは、命の木のごく一部でしかない。木全体はあまりに大きく、1枚の絵におさめることはできないし、あまりにたくさんの種類の生き物がいて、どんな言葉を使おうが、すべてに名前をつけることはだれにもできない。そして実際、本物の命の木には、すべての種類の生き物をつなぐ1本の線などない。これまでに現れたそれぞれの生き物に対して1本ずつ線があり、その線はほかの線を横切ったりほかの線とくっついたりして、ページの上をくねくね曲がりながら、1つの種類から別の種類へと、少しずつ形を変えていく。その道は一度もとぎれることなく、ずっと時間をさかのぼって、あの、最初の生き物につながっている。

世界にどのくらいの数の生き物がいるのか、本当のところはだれにもわからないが、見当をつけることはでき、その数はものすごく大きい。こうした生き物のすべてについて話すにはいくら言葉があっても足りないし、その数だけにしぼっても、言いつくすのはたいへんそうだ。

これまでに地球にいたことがある生き物の数について考えてみる方法をひとつ教えよう。世界は海でおおわれているが、その海のふちにはビーチがある。君がいつかビーチを歩くとき、砂をちょっと手に取って、じっと見てほしい。そして、足の下にある小さな砂つぶの一つひとつはそれ自体がひとつの世界なんだ、地球と同じように、海やビーチがあるんだと想像してみてほしい。

命の木の全体には、小さな砂つぶの世界にあるすべてのビーチの砂つぶをあわせたのと同じくらいの生き物がいる。

こんな世界とくらべたら、私たちの言葉なんて、全部合わせてもちっぽけなものだ。

みんなが一番よく使う1000の言葉

ここにあるのが、私なりに決めた、みんなが一番よく使う1000の言葉だ。人々がある言葉をどれだけよく使うかを数える方法はいろいろある。テレビ番組、本のなか、ニュース、みんなが書く手紙のなかや、コンピュータでメッセージを送るときなどに使われる言葉を調べてみる、というのがひとつの方法だ。また、今一番よく使われている言葉を見るほかに、この10年で一番よく使われた言葉、または、この100年で一番よく使われた言葉を調べることもできる。すべての本を見ることもできれば、物語が書かれた本を見てもいいし、また歴史の本、有名な古い本を見てもいい。こんなふうに、ちがう方法で数えれば、その結果決まるみんなが一番よく使う言葉は、それぞれちがったものになる。

私は、なじみぶかくてシンプルに聞こえる言葉を使ってこの本を書きたかった。自分が使う1000の言葉を選ぶにあたり私は、ちがう方法で組み合わされている言葉を何グループも調べてみた（「みんなが私に送ってきたコンピュータのメッセージのなかの言葉」というのもそんなグループのひとつで、私はそこに出てくる言葉を数えたわけだ）。特に、物語の本をたくさん見て作った言葉のグループを一番大事にした。というのも、ある言葉がこうした本にどれくらいよく出てくるかは、その言葉がどれだけ「シンプル」に聞こえるかを考えるのにちょうどいいと感じたからだ。もしもある言葉がいくつものグループでよく使われていることがはっきりしたら、その言葉を私が使う1000語に入れることにした。グループごとにどれだけよく使われるかがかなりちがう言葉については、私自身がその言葉をどれだけシンプルと感じるかによって、1000語に入れるかどうかを決めた。

私が選んだ言葉がここに示されている。もしも君がこの1000語だけを使って何かを説明したければ、xkcd.com/simplewriter を使って、チェックしながら書くことができるよ！

a	anywhere	below	burn	climb
able	apartment	bend	bus	close
about	appear	beneath	business	clothes
above	approach	beside	busy	cloud
accept	area	best	but	coat
across	arm	better	buy	coffee
act	around	between	by	cold
actually	arrive	beyond	call	college
add	art	big	calm	color
admit	as	bird	camera	come
afraid	ask	bit	can	company
after	asleep	bite	car	completely
afternoon	at	black	card	computer
again	attack	block	care	confuse
against	attention	blood	careful	consider
age	aunt	blow	carefully	continue
ago	avoid	blue	carry	control
agree	away	board	case	conversation
ahead	baby	boat	cat	cool
air	back	body	catch	cop
alive	bad	bone	cause	corner
all	bag	book	ceiling	count
allow	ball	boot	center	counter
almost	bank	bore	certain	country
alone	bar	both	certainly	couple
along	barely	bother	chair	course
already	bathroom	bottle	chance	cover
also	be	bottom	change	crazy
although	beach	box	check	create
always	bear	boy	cheek	creature
among	beat	brain	chest	cross
and	beautiful	branch	child	crowd
angry	because	break	choice	cry
animal	become	breast	choose	cup
another	bed	breath	church	cut
answer	bedroom	breathe	cigarette	dad
any	beer	bridge	circle	dance
anybody	before	bright	city	dark
anymore	begin	bring	class	darkness
anyone	behind	brother	clean	daughter
anything	believe	brown	clear	day
anyway	belong	building	clearly	dead

death	except	funny	history	law
decide	excite	future	hit	lay
deep	expect	game	hold	lead
desk	explain	garden	hole	leaf
despite	expression	gate	home	lean
die	extra	gather	hope	learn
different	eye	gently	horse	leave
dinner	face	get	hospital	leg
direction	fact	gift	hot	less
dirt	fade	girl	hotel	let
disappear	fail	give	hour	letter
discover	fall	glance	house	lie
distance	familiar	glass	how	life
do	family	go	however	lift
doctor	far	god	huge	light
dog	fast	gold	human	like
door	father	good	hundred	line
doorway	fear	grab	hurry	lip
down	feed	grandfather	hurt	listen
dozen	feel	grandmother	husband	little
drag	few	grass	I	local
draw	field	gray	ice	lock
dream	fight	great	idea	long
dress	figure	green	if	look
drink	fill	ground	ignore	lose
drive	final	group	image	lot
driver	finally	grow	imagine	loud
drop	find	guard	immediately	love
dry	fine	guess	important	low
during	finger	gun	in	lucky
dust	finish	guy	information	lunch
each	fire	hair	inside	machine
ear	first	half	instead	main
early	fish	hall	interest	make
earth	fit	hallway	into	man
easily	five	hand	it	manage
east	fix	hang	itself	many
easy	flash	happen	jacket	map
eat	flat	happy	job	mark
edge	flight	hard	join	marriage
effort	floor	hardly	joke	marry
egg	flower	hate	jump	matter
eight	fly	have	just	may
either	follow	he	keep	maybe
else	food	head	key	me
empty	foot	hear	kick	mean
end	for	heart	kid	meet
engine	force	heat	kill	member
enjoy	forehead	heavy	kind	memory
enough	forest	hell	kiss	mention
enter	forever	hello	kitchen	message
entire	forget	help	knee	metal
especially	form	her	knife	middle
even	forward	here	knock	might
event	four	herself	know	mind
ever	free	hey	lady	mine
every	fresh	hi	land	minute
everybody	friend	hide	language	mirror
everyone	from	high	large	miss
everything	front	hill	last	moment
everywhere	full	him	later	money
exactly	fun	himself	laugh	month

moon	our	quickly	send	smile
more	out	quiet	sense	smoke
morning	outside	quietly	serious	snap
most	over	quite	seriously	snow
mostly	own	radio	serve	so
mother	page	rain	service	soft
mountain	pain	raise	set	softly
mouth	paint	rather	settle	soldier
move	pair	reach	seven	somebody
movie	pale	read	several	somehow
much	palm	ready	sex	someone
music	pants	real	shadow	something
must	paper	realize	shake	sometimes
my	parent	really	shape	somewhere
myself	part	reason	share	son
name	party	receive	sharp	song
narrow	pass	recognize	she	soon
near	past	red	sheet	sorry
nearly	path	refuse	ship	sort
neck	pause	remain	shirt	soul
need	pay	remember	shoe	sound
neighbor	people	remind	shoot	south
never	perfect	remove	shop	space
new	perhaps	repeat	short	speak
news	personal	reply	should	special
next	phone	rest	shoulder	spend
nice	photo	return	shout	spin
night	pick	reveal	shove	spirit
no	picture	rich	show	spot
nobody	piece	ride	shower	spread
nod	pile	right	shrug	spring
noise	pink	ring	shut	stage
none	place	rise	sick	stair
nor	plan	river	side	stand
normal	plastic	road	sigh	star
north	plate	rock	sight	stare
nose	play	roll	sign	start
not	please	roof	silence	state
note	pocket	room	silent	station
nothing	point	round	silver	stay
notice	police	row	simple	steal
now	pool	rub	simply	step
number	poor	run	since	stick
nurse	pop	rush	sing	still
of	porch	sad	single	stomach
off	position	safe	sir	stone
offer	possible	same	sister	stop
office	pour	sand	sit	store
officer	power	save	situation	storm
often	prepare	say	six	story
oh	press	scared	size	straight
okay	pretend	scene	skin	strange
old	pretty	school	sky	street
on	probably	scream	slam	stretch
once	problem	screen	sleep	strike
one	promise	sea	slide	strong
only	prove	search	slightly	student
onto	pull	seat	slip	study
open	push	second	slow	stuff
or	put	see	slowly	stupid
order	question	seem	small	such
other	quick	sell	smell	suddenly

suggest	thick	tree	wash	window
suit	thin	trip	watch	wine
summer	thing	trouble	water	wing
sun	think	truck	wave	winter
suppose	third	true	way	wipe
sure	thirty	trust	we	wish
surface	this	truth	wear	with
surprise	those	try	wedding	within
sweet	though	turn	week	without
swing	three	twenty	weight	woman
system	throat	twice	well	wonder
table	through	two	west	wood
take	throw	uncle	wet	wooden
talk	tie	under	what	word
tall	time	understand	whatever	work
tea	tiny	unless	wheel	world
teach	tire	until	when	worry
teacher	to	up	where	would
team	today	upon	whether	wrap
tear	together	use	which	write
television	tomorrow	usual	while	wrong
tell	tone	usually	whisper	yard
ten	tongue	very	white	yeah
terrible	tonight	view	who	year
than	too	village	whole	yell
thank	tooth	visit	whom	yellow
that	top	voice	whose	yes
the	toss	wait	why	yet
their	touch	wake	wide	you
them	toward	walk	wife	young
themselves	town	wall	wild	your
then	track	want	will	yourself
there	train	war	win	
these	travel	warm	wind	

※日本版編集部注：本書を日本語にするにあたっては、原書のやさしい表現を日本語に移しかえるだけでなく、用いる漢字を小学校第6年学年までで覚えるものに限定しました。以下はそのリストです（文部科学省「学年別漢字配当表」をもとに作りました）。

一右雨円王音下火花貝学気九休玉金空月犬見五口校左三山子四糸字耳七車手十出女小上森人水正生青夕石赤千川先早草足村大男竹中虫町天田土二日入年白八百文木本名目立力林六（80字）

引羽雲園遠何科夏家歌画回会海絵外角楽活間丸岩顔汽記帰弓牛魚京強教近兄形計元言原戸古午後語工公広交光考行高黄合谷国黒今才細作算止市矢姉思紙寺自時室社弱首秋週春書少場色食心新親図数西声星晴切雪船線前組走多太体台地池知茶昼長鳥朝直通弟店点電刀冬当東答頭同道読内南肉馬売買麦半番父風分聞米歩母方北毎妹万明鳴毛門夜野友用曜来里理話（160字）

悪安暗医委意育員院飲運泳駅央横屋温化荷界開階寒感漢館岸起期客究急級宮球去橋業曲局銀区苦具君係軽血決研県庫湖向幸港号根祭皿仕死使始指歯詩次事持式実写者主守取酒受州拾終習集住重宿所署助昭消商章勝乗植申身神真深進世整昔全相送想息速族他打対待代第題炭短談着注柱丁帳調追定庭笛鉄転都度投豆島湯登等動童農波配倍箱畑発反坂板皮悲美鼻筆氷表秒病品負部服福物平返勉放味命面問役薬由油有遊予羊洋葉陽様落流旅両緑礼列練路和（200字）

愛案以衣位囲胃印英栄塩億加果貨課芽改械害街各覚完官管関観願希季紀喜旗器機議求泣救給挙漁共協鏡競極訓軍郡径型景芸欠結建健験固功好候航康告差菜最材昨札刷殺察参産散残士氏史司試児治辞失借種周祝順初松笑唱焼象照賞臣信成省清静席積折節説浅戦選然争巣束側続卒孫帯隊達単置仲貯兆腸低底停的典伝徒努灯堂働特得毒熱念敗梅博飯飛費必票標不夫付府副粉兵別辺変便包法望牧末満未脈民無約勇要養浴利陸良料量輪類令冷例歴連老労録（200字）

圧移因永営衛易益液演応往桜恩可仮価河過賀快解格確額刊幹慣眼基寄規技義逆久旧居許境均禁句群経潔件券険検限現減故個護効厚耕鉱構興講混査再災妻採際在財罪雑酸賛志枝師資飼示似識質舎謝授修述準序招承証条状常情織職制性政勢精製税責績接設舌絶銭祖素総造像増則測属率損退貸態団断築張提程適敵統銅導徳独任燃能破犯判版比肥非備俵評貧布婦富武復複仏編弁保墓報豊防貿暴務夢迷綿輸余預容略留領（185字）

異遺域宇映延沿我灰拡革閣割株干巻看簡危机揮貴疑吸供胸郷勤筋系敬警劇激穴絹権憲源厳己呼誤后孝皇紅降鋼刻穀骨困砂座済裁策冊蚕至私姿視詞誌磁射捨尺若樹収宗就衆従縦縮熱純処署諸除将傷障城蒸針仁垂推寸盛聖誠宣専泉洗染善奏窓創装層操蔵臓存尊宅担探誕段暖値宙忠著庁頂潮賃痛展討党糖届難乳認納脳派拝背肺俳班晩否批秘腹奮並陛閉片補暮宝訪亡忘棒枚幕密盟模訳郵優幼欲翌乱卵覧裏律臨朗論（181字）

注意
この1000語では、"talk", "talking", "talked"のように、ちがう語形は全部まとめて1語と数えている。また、たとえば"talker"など、動詞の名詞形が実際の言葉ではなくてもおもしろく聞こえる場合は、採用した。使える言葉をあえて使わないことにした場合もある。船について、"ship"が使えるところでも、あえて"boat"を使っている。なぜなら、"space boat"（宇宙ボート）という言い回しがおかしくてたまらなかったから。さらに、とてもよく使われる2つの4文字言葉があるが、それはここにはのっていない。というのも、そんな言葉を見たくない人がかなりいるからだ（いずれにせよ、私はその2語は使いたくなかった）。

手伝ってくれた人たち

この本では大勢の人々が私を手伝ってくれた。彼らの名前はみんながよく使う言葉ではないが、大事なことなので、ここに示すことにする。

たくさんのことを知っていて、その一部を教えてくれた人たち

アスマ・アル＝ラウィ、エドワード・ブラッシュ、クリス・ハドフィールド船長、エヴァン・ハドフィールド、チャーリー・ホーン、エイドリアン・ユーン、アリス・カーンタ、エミリー・ラクダワラ、ルーヴェン・ラザルス、アダ・マンロー、フィル・プラット、デレク・ラッケ、シュワル・メリス・シュワーガー、ベン・スモール、スタック・オーヴァーフロー、アンソニー・ステファノ、ケヴィン・アンダーヒル、アレックス・ウェラースタイン、ポール・R・ウォーチェ空軍中佐（退役）。

大いに助けてくれた人たち

クリスティーナ・グリーソン、セス・フィッシュマンと、レベッカ・ガードナー、ウィル・ロバーツ、アンディー・キファー、ブルース・ニコルズ、アレックス・リトルフィールドをはじめとするガーナート・チームのみなさん。そしてエミリー・アンドラカイテス、ナオミ・ギブズ、ステファニー・キム、ベス・バーレイ・フラー、ハンナ・ハーロー、ジル・レーザー、ベッキー・サイキア＝ウィルソン、ブライアン・ムーア、フィリス・ドブランシュをはじめとするホートン・ミフリン・ハーコート社のみなさん。そしてロマ・ハフ、リチャード・マンロー、グレン、フィン、ステレオ、ジェームズ、アリッサ、ライアン、ニック、そして#jumpsと#computergameの親切な友人たち。そしてとりわけ、指輪をした強くてかわいい君。

訳者あとがき

　『ホワット・イフ？』を書いたランドール・マンローの、待ちに待った2冊めだ。前作とはまったくちがう、絵本のような、ずかんのような、不思議な本がやってきた。身近にある便利なものから、ふだん目にできないすごいものまで、面白く、知っていて損はない物事を、やさしい言葉で説明している。原書の出版社によれば、「物事の仕組みやその背後にある"りくつ"について思いめぐらせたことのある、5才から105才までの人々のため」の本だという。

　それほど広い世代に「わかりやすい」という原書は、英語で最もよく使われる1000語だけを使って書かれている。ほかの言語に訳すにあたっても、使う訳語に同様の制約をしてほしいと著者から求められた。だが、英語をヨーロッパ諸国の言語に訳すのとはちがい、構造や性質ががらりと異なる日本語に訳す際に、どういう制約にすればいいかは難しい。これについては、日本語版の出版社の早川書房からのご提案で、小学6年生までに習う漢字だけを使って訳すことにした。漢字を制限するだけでも、ある程度やさしい表現を取らざるを得なくなる。じつのところ、日本の中学生が学ぶ英語の単語は1200語ほどだそうなので、英文の原書も日本の中学3年生で十分読めるということになるだろう（というわけで、ぜひ原書もお読みいただければと思う）。日本語版も、結果的にちょうどそのぐらいには読みやすい文章になったのではないだろうか。

　先の『ホワット・イフ？』は、紀伊國屋書店のみなさんが毎年、面白さに注目しておすすめの本を選ぶランキングの、「キノベス！2016」で2位に選ばれた。そのつながりで、2016年7月、『ホワット・イフ？』と『ホワット・イズ・ディス？』のプロモーションでマンロー氏が来日した際、同書店にてサイン会が行なわれ、訳者は、当日の通訳を務めさせていただいた。その際のスピーチで氏は、『ホワット・イズ・ディス？』誕生秘話も語ってくれた。直接のきっかけは、あるシミュレーションゲームだという。宇宙船をつくるシミュレーションゲームがあって、プレイヤーは自分がつくった宇宙船に名前を付ける。氏ははじめ、実際の宇宙にあるようなカッコいい名前を付けていたが、ゲームではどれもすぐにクラッシュしてしまった。いっしょうけんめい、いかした名前を付けているのに、あまりにかいがなく、やがて、「フライング・チューブ（飛ぶチューブ）」など、シンプルな言葉を使ったおバカな名前を付けるようになった。そのひとつが「アップ・ゴーアー（上に行くもの）」で、これがたいそう気に入った。そしてふと思った。何でも、カッコつけて難しい言葉を使わなくても、シンプルでわかりやすい言葉で表現できるし、そのほうが楽しいんじゃない？

　そしてふり返ってみて、これまで難しい言葉を使って物事を説明してきたのは、内気な自分をかくすためであり、「こいつはわかってないんじゃないか？」と人から思われたくなかったからなのだと気づいたそうだ。そこで、いろいろなものをシンプルで、おバカに聞こえそうな言葉で説明した本を作ろうと思い立ち、できあがったのが『ホワット・イズ・ディス？』だった。書くのは大いに楽しかったという。訳すのも、うきうき、わくわくしながらで、ゲラのチェックのために読み通したときにも、最後まで来て、「えっ、もう終わりなの？　もっと読みたい！」と思ってしまった。これほどハイな気分で訳を進められる本は少ないだろう。日本語版を読むことも、これまでの読書とは一味ちがった面白い体験になるはずだ。何度読んでも楽しめると思う。先の本と同じく、細かい「くすぐり」ネタがあちこちにかくれているのだから（ネタばれになるので、例は挙げません）。イラストは単なるそえ物ではなく、文章と織り合わさって、大事なメッセージを伝えている。何度か見ているうちに、そこにマンロー氏の世界観があることがわかってくる。たとえば「水の部屋（バスルーム）」。バスルームがこれまでに人間が作った最高のもののひとつだという氏のするどさと、それをマンガでこのように表現できるユーモア力をぜひ味わっていただきたいと思う。

　マンロー氏は、大学で物理学を学んでいた当時、ウェブマンガをかき始め、また同時に、NASAでときどき臨時の仕事もしていた。大学卒業後のある年、NASAの仕事をもらうのはもうやめて、フルタイムでウェブマンガをかくことにした。来日時に直接うかがった話では、ウェブサイトで売っているマンガTシャツの売れ行きが順調にのびており、ほかの仕事をする必要がなくなったからだという。インターネット時代の王道成功物語と言えよう。実力者が（あるいは、実力を着実にみがきながら）、自分が好きで得意なことを続けていて名を成したのだから。

　気負いのないユーモアは、日本人にも共感しやすい。氏の本やウェブサイトを読めば、しゃちほこばって難しいまじめな本を読むよりもはるかにスムーズに、科学が生活に密接にかかわっていることがわかるし、科学目線のロジカルな思考がユーモアと両立することが実感できる。とりわけ本書は、難しい名前を知っているだけで、ほんとうに知っていることになりますか？　と、問いかけているようだ。むしろ、難しい正式名は知らなくても、物事の成り立ちや働きがわかって、やさしい言葉でみんなと共有できるほうが楽しいかもしれませんよ、と。もしかすると、インターネットで何か知りたいとき、たとえば株価とか、レポートの素材とか、はっきりした目的があるのでなければ、人々は今むしろ、このようなスタイルの知識に出会うのを楽しんでいるのかもしれない。

　とはいえ、紙の本としての『ホワット・イズ・ディス？』の場合、確かに、各ページのタイトルだけからは、何を説明しているのかわからなくてとまどうものも多い。だが、マンロー氏には、すでに知識のある人たちに対しては、「何だかあててみて！」と呼びかけているのではないだろうか？　頭をやわらかくして読んでいけば、難しい正式名でそれを知っている人には、何のことかわかるはずだ（わからなかったら、マンロー氏の「1勝」と思ってくだされればいいのでは？）。

　では逆に、知識をまだ持っていない人、たとえば「大型ハドロンしょうとつ加速器」のことを何も知らない人が「すごく小さいものどうしをぶつけるためのばかでかいマシン」のページを読んで、どう楽しむのか？　それはもう、世の中にはこういうものがあるんですよ、物の成り立ちを調べるために、物と物をぶつけるなんて、おバカに思えるでしょう？　でも、学者たちはまじめにそのおバカなことをやっているんですよ、と受け止めていただければいいのでは？　その後、新聞を読んだり、インターネットで調べたりしているうちに、あ、このことだったのか、とわかる日がやがて来るはず。しかし訳者も、「地球はどんなふうに見えるか（世界地図）」では、つい、「できちゃった湖」って何？「鳥の島」って確か進化論で有名なあの人が行ったところだよね？と、いちいちウェブでチェックしてしまった。どういうわけか人間は、「名前を知っている＝その物をちゃんと理解している」と思いがちなのだなとつくづく感じた。逆に、難しい正式名がきっちりわかっていれば、それを使うことで、自分が何のことを言っているのか、相手にわかってもらいやすいのも確かなのである。中身はよくわからなくても、「アイコン」として使えるわけだ。だが、とかくアイコン用法にかたむきがちなので、ぜひこの本で、アイコンなしだとどんな説明になるのかを味わっていただきたい。

　最後になりましたが、今時流に乗っているライター、マンロー氏の著書を再び訳させてくださり、編集等でひとかたならぬお世話になりました、伊藤浩氏をはじめとする早川書房のみなさまに心より感謝申し上げます。

2016年10月

吉田三知世

ホワット・イズ・ディス？
むずかしいことをシンプルに言ってみた

2016年11月25日　初版発行
2020年 4 月25日　再版発行
＊
著　者　ランドール・マンロー
訳　者　吉田三知世
発行者　早川　浩
＊
印刷所　株式会社精興社
製本所　大口製本印刷株式会社
＊
発行所　株式会社　早川書房
東京都千代田区神田多町2-2
電話　03-3252-3111
振替　00160-3-47799
https://www.hayakawa-online.co.jp
定価はカバーに表示してあります
ISBN978-4-15-209654-8　C0040
Printed and bound in Japan
乱丁・落丁本は小社制作部宛お送り下さい。
送料小社負担にてお取りかえいたします。

本書のコピー、スキャン、デジタル化等の無断複製
は著作権法上の例外を除き禁じられています。

→破れやすいので、ひらくときには気をつけてください。

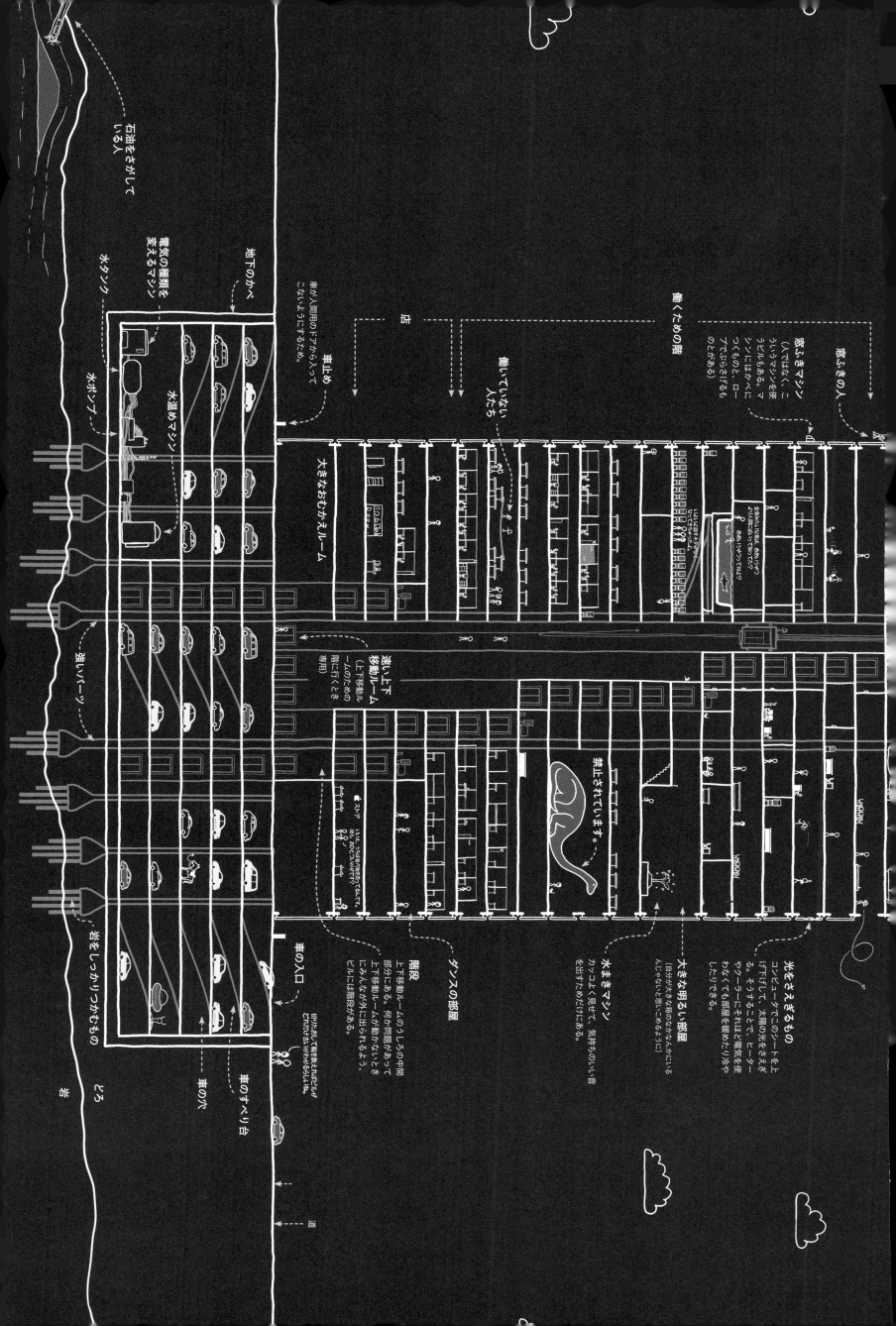

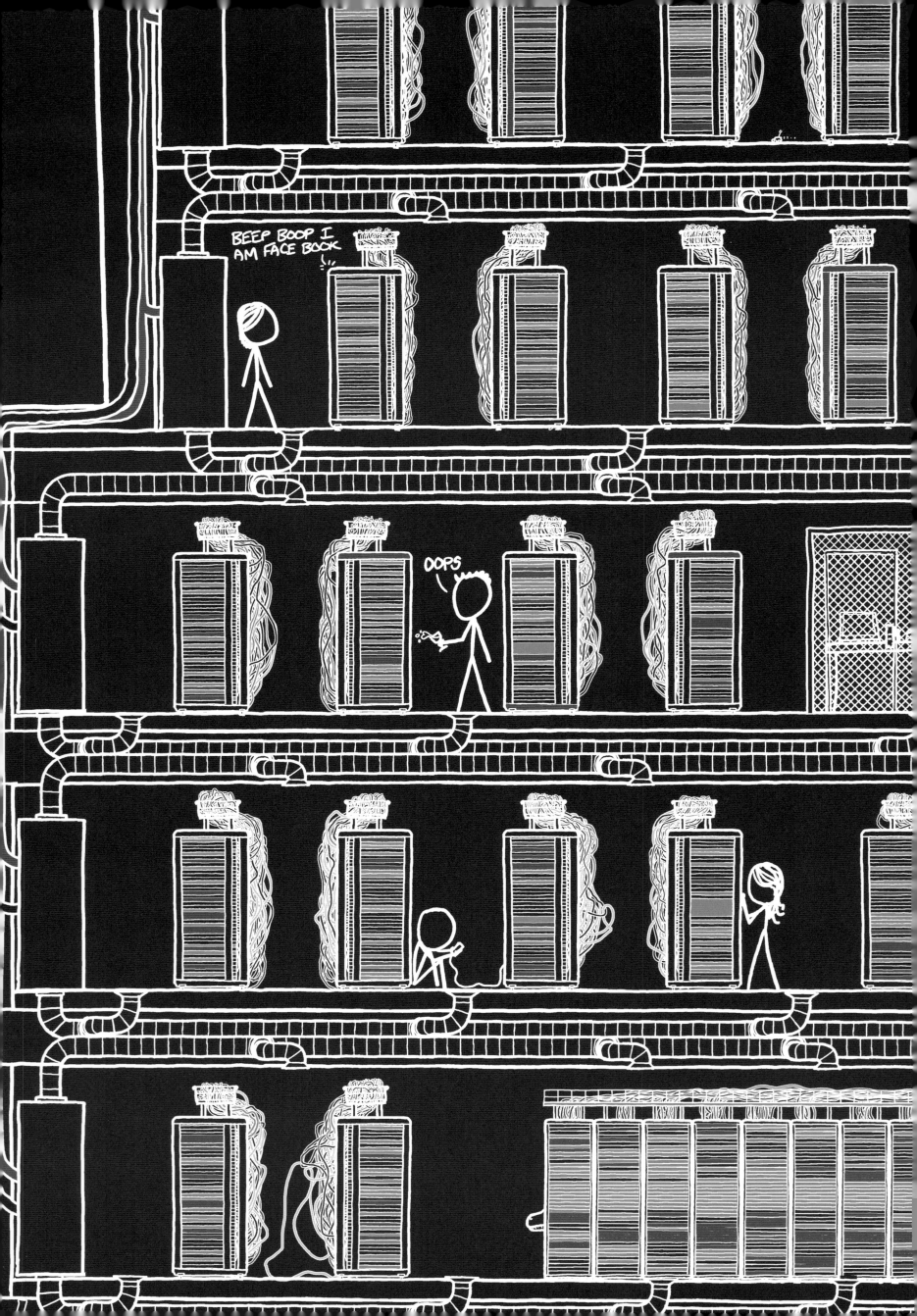